El Silencio que Piensa

Cuando el universo reflexiona sobre la vida

El Silencio que Piensa

Dan Aug

Published by Dan Aug, 2026.

Dan Aug es el seudónimo de Daniel Augusto Chiesa.

Primera Edición-Impreso bajo demanda

EL SILENCIO QUE PIENSA

First edition. January 13, 2026.

ISBN: 979-8233426285

Written by Dan Aug.

Tabla de Contenido

A quienes todavía se atreven a escuchar el silencio y meditar profundamente sobre la Vida en este planeta y en el Universo.

"El silencio no es ausencia de pensamiento,sino el espacio donde el pensamiento despierta."

Prólogo

La pregunta que no se extingue

"Antes de la primera estrella, antes de que el hidrógeno decidiera trascender, hubo un instante imposible de medir. No fue luz. No fue energía. Fue algo más sencillo y más terrible: una pregunta. Y el universo, aún oscuro y sin forma, despertó para intentar responderla"

He dedicado más de sesenta años - quizá sin saberlo desde el primer día - a perseguir una sola intuición: la vida no es un accidente, sino un estilo del universo. Fui astronomo antes que artista visual, curioso antes que académico, testigo antes que narrador. He visto cúmulos globulares a través de lentes gigantes, he olido el polvo de libros medievales sobre filosofía natural, he pasado noches enteras tratando de comprender la lógica interior de una célula y he sentido, frente a un cuadro recién terminado, la misma vibración que siento frente a un telescopio: **el** temblor previo a la comprensión.

Este libro no es una respuesta. Este libro es una advertencia: la pregunta todavía está viva. Y mientras esté viva, seguimos vivos nosotros.

Durante décadas observé la disciplina del pensamiento científico con la misma devoción con que un monje estudia su liturgia: astrofísica, biología, termodinámica, cosmología cuántica, filosofía de la mente, teoría de sistemas complejos, arte contemporáneo, mitología comparada. Lo hice no por acumulación erudita, sino por una sospecha íntima: que todas estas disciplinas, en realidad, intentan decir lo mismo utilizando lenguajes distintos. Ese "lo mismo" es la pregunta central de este prólogo y de este libro:

¿Qué es la vida, y por qué aparece?

No me interesa aquí el inventario didáctico de teorías - aunque inevitablemente rozaré sus nombres, sus ecuaciones, sus fechas históricas, sus polémicas - después de tantos años aprendí que la comprensión verdadera no nace del dato, sino de la síntesis. Del puente invisible entre una galaxia de 200.000 años luz y una proteína que se pliega en una milésima de segundo. Del puente entre el silencio cósmico y el primer latido en una criatura recién nacida. Del puente entre el Big Bang y la conciencia.

He llegado a una convicción que quiero enunciar de forma clara y humilde:

Este ensayo es un intento de comprender lo efímero. Lo efímero en escalas cósmicas y lo efímero en escalas humanas.

Vivimos - cada uno de nosotros - con la ilusión de durar. Pero nuestro tiempo es una muesca microscópica en la columna del espacio-tiempo. Una generación equivale a nada frente a la edad de nuestra galaxia. Una civilización entera es apenas una nota dispersa en la historia del universo observable. Y sin embargo sentimos, recordamos, preguntamos. Ese es el misterio: una chispa de sentido prendida en la noche más antigua. Este libro nace de esa chispa.

A lo largo de los últimos 25 años, me obsesioné sin pudor con un problema que no aparece en los manuales de astrobiología: la abscisa del tiempo. No el tiempo medido - segundos, edades radiométricas, constante de Hubble - sino la discontinuidad temporal de las posibilidades biológicas. Explico la idea con un ejemplo simple: Podemos vivir ochenta años, o cien si somos afortunados. Un proyecto científico puede durar décadas; una cultura, milenios. Pero el surgimiento

Lo probable es que nunca encontremos vida inteligente en el mismo intervalo temporal en el que nuestra especie exista para buscarla.

Esto no significa que la vida sea rara. Significa que la coincidencia temporal es casi imposible. El universo puede estar lleno de civilizaciones que ya murieron, o que nacerán cuando solo queden fósiles digitales de nuestro paso. Podemos compartir el mismo espacio, sin coincidir jamás en la misma fracción de tiempo. Como dos trenes que utilizan la misma vía, pero en siglos distintos.

Cuando esta idea me golpeó por primera vez - recuerdo la fecha, 14 de junio de 2001, mirando un mapa del supercúmulo de Virgo - sentí algo parecido a tristeza cósmica. Pero con los años se transformó en otra cosa: **perspectiva.** La certeza de que la naturaleza no funciona como nosotros. A la naturaleza le basta con que algo ocurra **una vez** para volverse inevitable. La vida, creo, es inevitable.

Supercúmulo de Virgo

Quiero dejar claro algo desde el principio, porque este libro no pretende engañar a nadie con falsas certezas: no soy dueño de ninguna teoría revolucionaria ni poseo una fórmula final.

Solo tengo experiencia.

-Experiencia para equivocarme.

-Experiencia para corregirme.

-Experiencia para dudar con método.

He pasado media vida leyendo a los gigantes que me precedieron, desde Aristóteles hasta Prigogine; desde Oparin y Haldane hasta Szostak y Varela; desde Lucrecio y Spinoza hasta Wheeler y Hawking. Cada uno tocó un borde distinto de esta pregunta: ¿por qué existe algo que persiste?

La vida - lo aprendí tarde, pero lo aprendí - no es solo biología, ni solo química, ni solo información replicable. La vida es un comportamiento físico de la materia frente al olvido. Es un acto de resistencia termodinámica con memoria.

Y aquí aparece la palabra más importante de todo mi recorrido: catástrofe.

Las civilizaciones viven a merced de su señoría, las "catástrofes cosmológicas":

-Explosiones de supernovas.

-Rayos gamma.

-Impactos de cometas y/o asteroides.

-Inversiones magnéticas.

-Eyección de masa coronal (CME) del sol anfitrion de cualquier planeta.

-Nubes interestelares radiactivas.

-Paranoia colectiva de cualquier civilización.

Cada una de estas interrupciones puede borrar millones de años de evolución en cuestión de minutos. ¿Cuántas biosferas completas han sido extinguidas antes de alcanzar conciencia? ¿Cuántos planetas tuvieron océanos, moléculas, tal vez incluso música, y fueron borrados para siempre sin dejar testimonio? Esto no es pesimismo. Es escala. La escala verdadera no es la humana. Es la cósmica.

Por eso digo que este libro está escrito, en el fondo, con un sentimiento de humildad. Un reconocimiento de que somos accidentales y, sin embargo, inevitables. Somos frágiles y necesarios a la vez. Como una ecuación que depende de parámetros inestables pero que, una vez resuelta, no puede negarse. El lector encontrará en estas páginas una mezcla deliberada: rigor científico, especulación argumentada, intuiciones filosóficas y pasajes que rozan la poesía. No es confusión; es método. Mi vida me enseñó que la realidad no cabe en un solo lenguaje.

-La matemática describe,

-la física predice,

-la biología explica,

-la filosofía interpreta,

-el arte recuerda.

Y yo he intentado - sin garantía de éxito, pero con total honestidad - reunir esos lenguajes en un solo gesto reflexivo. Algunos dirán que la ciencia debe ser fría y exacta. Yo pregunto: ¿cómo puede ser fría una ciencia que estudia el origen del calor de la vida? ¿Cómo puede ser exacta una ecuación que intenta capturar el instante en que un planeta decide tener pensamiento?

Hay algo inevitablemente literario en estudiar el origen de la vida. Toda teoría es, en cierto sentido, un acto narrativo. Un intento de contar qué pasó antes de que existiera quien pudiera contarlo. Somos cronistas de un pasado sin testigos.

Este ensayo pretende humildemente ofrecer una perspectiva personal, tal vez imperfecta, tal vez parcial, de un tema que nos excede a todos. Mi punto de vista es solo eso: un punto. Un punto en la espuma inmensa del conocimiento. Pero quiero que ese punto sea honesto. Que no esconda el vértigo. Que no disimule la maravilla.

Porque después de 60 años de estudiar fenómenos científicos, filosóficos, metafísicos y artísticos, solo tengo una certeza: La pregunta es más luminosa que la respuesta.

Este libro está dedicado a esa luminosidad.

-Si el lector siente vértigo, bien.

-Si siente curiosidad, excelente.

-Si siente incomodidad, mejor aún.

Quiero que este prólogo sea una invitación a la incomodidad creativa, a la sospecha activa, al pensamiento sin red. La vida, en todas sus formas y escalas, es una interrupción improbable en el silencio. Y este libro quiere ser, también, una interrupción.

Ha llegado el momento de mirar lo efímero con escala cósmica. De aceptar que nuestra existencia individual es un parpadeo, pero un parpadeo con intención. De admitir que quizá nunca veamos otra inteligencia en nuestra vida, no porque no exista, sino porque no coincide temporalmente con nosotros

Sin perder nunca la perspectiva más importante: que la vida - inteligente o no - está siempre a merced del universo. Pero el universo también está a merced de algo: de nuestra capacidad de comprenderlo.

Si he logrado transmitir esa sensación, aunque sea en una sola página, consideraría cumplida mi tarea. Bienvenido entonces a este ensayo. No encontrará certezas finales. Encontrará, espero, preguntas que merecen no extinguirse. Porque la vida no se explica del todo, la vida se atestigua. Y este libro es mi testimonio.

Capítulo 1

La vida no surge: se activa

La Vida NO es que "nazca" al azar: La vida es una propiedad latente del universo, igual que la gravedad. Solo necesita condiciones para manifestarse.

Esto te permite especular que la vida existió potencialmente desde el primer segundo del Big Bang.

No recuerdo cuándo escuché por primera vez la palabra vida. Quizá fue mucho antes de nacer, mucho antes incluso de que existieran planetas o lunas, cuando solo había un rumor vibrando en la oscuridad primordial: un latido sin forma, una intención. Si el universo tuviera memoria, recordaría ese instante con el mismo asombro con que un niño recuerda su primer pensamiento. Vida. No como milagro, ni como accidente, sino como propiedad, como tensión inevitable en la trama de lo real.

Hay una teoría no escrita, una que nadie enseña y que sin embargo persiste silenciosa entre las estrellas:

Igual que la gravedad no aparece un día en un rincón del cosmos, la vida no irrumpe como algo nuevo. Está ahí desde siempre, latente, esperando una forma adecuada para manifestarse. Es una ley, no un evento.

Durante los primeros 300 mil años después del Big Bang, el universo era un océano caliente de partículas elementales, un murmullo sin átomos, sin estructuras, sin descanso. Pero incluso entonces - en ese caldo de radiación y silencio - ya estaba presente la posibilidad, como una semilla enterrada en lo profundo: la tendencia a la organización, la nostalgia por la complejidad, el deseo de memoria.

La física moderna habla de simetrías rotas, de fluctuaciones cuánticas, de densidades que no se distribuyeron de manera perfecta. Yo prefiero otra imagen: una pregunta que comenzó a abrirse paso. Porque toda forma compleja, antes de existir, es primero un interrogante. ¿Qué soy? ¿Qué puedo ser? ¿Qué ocurre si dejo de ser caos por un instante?

La vida, digo yo, no surgió en un charco tibio de una antigua Tierra; despertó ahí. Porque la materia, bajo ciertas condiciones, recuerda algo que nunca vivió. Recuerda el impulso de unirse, de replicarse, de perseverar. Recuerda que, más allá de los átomos aislados, existe un propósito: persistencia.

Las primeras estrellas nacieron de nubes invisibles, y en sus hornos profundos cocinaron la tabla de elementos que más tarde haría posible corazones, mares, neuronas. Es fácil pensar que fue allí donde comenzó todo, pero quizás no. Quizás la vida ya estaba escondida en el patrón, no en la sustancia. En las ecuaciones, no en las moléculas.

Hay algo en la estructura misma de la realidad que parece conspirar hacia la continuidad. Una regla silenciosa: lo que puede organizarse, lo hará; lo que puede replicarse, lo intentará; lo que puede sentir curiosidad, finalmente preguntará.

No hablamos aquí de almas ni de designios sagrados. Hablamos de térmodinámica con aspiraciones, de entropía que, por un capricho estadístico, decidió detenerse y mirar. Porque quizá la vida sea justamente eso: una interrupción improbable de la decadencia universal. Un pequeño acto de rebeldía contra la dispersión total de la energía.

Desde esta perspectiva, no existe un momento cero de la vida. No hubo un "antes" sin potencial y un "después" pleno de maravilla. Hubo siempre posibilidad. Igual que el fuego está "en potencia" dentro de dos piedras antes de que el golpe produzca la chispa, la vida estaba presente en el universo antes de los océanos, antes de los cometas, antes de los ríos de hidrógeno que dieron origen a las galaxias.

Esta afirmación, aunque parece poética, entraña una hipótesis cosmológica profunda: que la vida no es un accidente posterior, sino una propiedad intrínseca del universo, un patrón que emerge cuando la materia adquiere determinados grados de complejidad.

No hubo un "antes" sin potencial y un "después" pleno de maravilla, porque el potencial estuvo siempre, desde el instante mismo en que surgieron el espacio, el tiempo y las leyes físicas. Decir esto es sugerir que el universo está preconfigurado para la vida.

En física teórica existe una idea conocida como **el principio antrópico débil** , que sostiene que las constantes fundamentales del universo parecen afinadas de tal manera que permiten la existencia de observadores biológicos. Más allá del debate filosófico sobre la interpretación de este principio, lo cierto es que la sutileza de estas constantes - la fuerza electromagnética, la carga del electrón, la constante cosmológica, la tasa de expansión - no es trivial. Pequeñas variaciones en sus valores impedirían la formación de estrellas, moléculas complejas o química orgánica. Desde un punto de vista especulativo, uno podría afirmar que la vida estuvo "codificada" en estas constantes antes de que surgieran los primeros átomos.

En otras palabras: la vida no surge, se activa. Igual que el fuego está en potencia dentro de dos piedras antes de la chispa, la vida estaba en potencia dentro de las ecuaciones del cosmos. Esta potencia no era vida biológica tal como la conocemos, claro está, sino estructura, información y posibilidad.

Antes de que hubiese océanos que pudieran acunar proto-células, antes de que hubiera cometas transportando moléculas orgánicas, antes de que existieran estrellas de segunda generación que sintetizaran carbono, ya había un universo cargado de potencial bioquímico.

La mecánica cuántica ofrece un paralelismo interesante. Una función de onda describe todas las posibilidades que un sistema puede tomar; solo cuando hay interacción, ocurre el colapso a un estado particular.

Aplicada a la vida, esta metáfora sugiere que el universo contenía todas las posibilidades de configuración bioquímica desde el primer instante, pero necesitó condiciones específicas para "colapsar" en organismos, células, ADN. La vida sería la solución espontánea a ecuaciones que estaban escritas desde el primer microsegundo.

Los astrofísicos hablan de un concepto fascinante: química prebiótica universal . Se han encontrado aminoácidos simples, azúcares, alcoholes, nitrilos y cadenas carbonadas en nubes interestelares, discos protoplanetarios y cometas. Esto implica que la química fundamental de la vida no es algo raro o exclusivo de la Tierra, sino un producto común en el horno cósmico. El universo, desde etapas tempranas, ya estaba "ensayando" los ladrillos de la vida en millones de lugares a la vez.

Pero hay algo más provocador: incluso si no existiera carbono, la vida podría expresarse en otro soporte. El silicio, por ejemplo, aunque menos versátil, tiene capacidad para formar cadenas y redes tridimensionales. Los físicos especulan con vidas basadas en plasmas, redes fotónicas, cristalizaciones autorreplicantes e incluso información pura. Esto nos obliga a ampliar el concepto "vida" más allá de lo orgánico.

Desde esta óptica, la vida es un proceso de organización, crecimiento, almacenamiento y replicación de información**, sin importar el sustrato.**

Lo que llamamos "vida primitiva" pudo tener innumerables precursores no biológicos: patrones de autoorganización, ciclos disipativos que exportan entropía, estructuras que se replican sin genes pero con regularidad. El químico Ilya Prigogine proponía que la vida surge de sistemas alejados del equilibrio que reorganizan materia y energía. Siguiendo esa línea, podríamos decir que la vida comenzó mucho antes de las células: empezó cuando el universo comenzó a producir estructuras, orden y memoria.

Imaginemos ahora una escena extrema: el universo un segundo después del Big Bang. No hay átomos, no hay moléculas, no hay planetas. Solo quarks, gluones, y energía casi infinita expandiéndose. Desde una visión tradicional, la vida está absolutamente ausente de esta realidad primordial. Pero desde la perspectiva especulativa que estamos desarrollando, incluso en ese estado embrionario existía el germen: las leyes físicas que permitirían, millones de años después, la formación de estrellas, de carbono, de agua y de redes moleculares capaces de copiarse. Lo que creemos que "no existía", en realidad era potencial puro.

Así podemos afirmar: el universo no tuvo un momento sin vida, solo un periodo sin manifestación biológica. La diferencia es sutil pero radical. No hubo un salto mágico de lo inerte a lo vivo, porque lo "inerte" ya contenía información, orden y dirección.

Al llevar esta idea al límite filosófico y biológico, llegamos a una conclusión que incomoda a la ciencia clásica: el universo podría considerarse un proceso vivo. No vivo en el sentido orgánico - no respira, no late, no tiene ADN -, pero sí exhibe las tres propiedades fundamentales que definen a los sistemas vivos según un amplio consenso bioquímico contemporáneo: autoorganización, aumento de complejidad y generación de información consciente. Si esto es cierto, la vida no sería una excepción dentro del universo, sino su tendencia natural.

En biología moderna, especialmente en el estudio de sistemas complejos, se observa un patrón universal: las estructuras que intercambian energía con su entorno tienden a generar orden local a costa de aumentar la entropía global. Esto no viola la segunda ley de la termodinámica; la aprovecha. Ilya Prigogine, premio Nobel de Química, demostró que los sistemas alejados del equilibrio termodinámico pueden crear estructuras disipativas, es decir, patrones organizados que se mantienen a través del flujo constante de energía. Un huracán, una célula y un ecosistema son ejemplos de ello.

Si ampliamos esa idea, el universo tras el Big Bang es quizá el sistema disipativo más gigantesco imaginable. Al expandirse, genera gradientes de energía: regiones de distinta densidad, temperatura y composición química. Esos gradientes, con el paso del tiempo, permiten la formación espontánea de estructuras más complejas: álamos, neuronas, galaxias. El universo se comporta como un sistema que busca configuraciones más eficientes para distribuir energía. Desde la perspectiva de un biofísico moderno, eso ya es un rasgo "proto-vital".

Pilares que permiten el surgimiento de "vida"

1-**La "auto-organización"** es el primer pilar, o sea "la gravedad", que lejos de ser una simple fuerza, actúa como un mecanismo de ensamblaje: atrae materia, forma nudos de hidrógeno, dispara la fusión nuclear y produce estrellas. Las estrellas forjan elementos pesados: carbono, oxígeno, fósforo, hierro, calcio. Esos elementos, liberados en supernovas, pasan a formar nubes de gas y polvo que, por colapso gravitatorio, originan planetas. Este proceso no es aleatorio: es iterativo, retroalimentado y direccional, como la evolución biológica.La autoorganización es el primer pilar de una visión radical del cosmos: un universo que no necesita instrucciones externas para generar orden, sino que utiliza sus propias leyes fundamentales como algoritmos naturales.

En este contexto, la gravedad no es simplemente una fuerza de atracción entre masas. Es un mecanismo de ensamblaje, un principio arquitectónico. En física moderna la describimos como la manifestación de la curvatura del espacio-tiempo, pero en términos funcionales es algo más: es la tendencia del universo a estructurarse, a agrupar, a concentrar energía y materia para facilitar procesos de mayor complejidad.

Todo empieza con el hidrógeno, el elemento más simple y abundante tras el Big Bang. Bajo pequeñas fluctuaciones cuánticas de densidad, regiones del espacio comienzan a aglutinarse. A medida que crecen, la gravedad intensifica el colapso. Ese colapso aumenta la presión y la temperatura hasta alcanzar un punto crítico: la ignición nuclear. La fusión convierte el hidrógeno en helio, liberando energía. Pero, con el tiempo, en el interior de estas calderas estelares, ocurren procesos aún más profundos: la nucleosíntesis crea nuevos elementos, cada vez más complejos. Carbón. Oxígeno. Nitrógeno. Fósforo. Hierro. Calcio.

Los componentes fundamentales de la biología. Cuando una estrella agotada colapsa y explota en forma de supernova, los elementos pesados son esparcidos por el espacio. Esta dispersión no es un mero accidente caótico. Es un mecanismo de retroalimentación cósmica: las cenizas estelares enriquecen nubes de gas y polvo, que bajo nuevos episodios de colapso gravitatorio, formarán sistemas planetarios. A esta escala, el universo realiza algo muy parecido a lo que un organismo vivo hace con sus nutrientes: reutiliza, recicla, redistribuye.

Este proceso no es aleatorio. Obedece a condiciones iniciales, constantes físicas y simetrías que canalizan el desarrollo hacia estadios crecientes de complejidad.

Desde la primera estrella hasta un planeta capaz de sostener océanos y atmósfera hay una secuencia lógica, como una evolución sin genes, pero con leyes. La fusión nuclear es al cosmos lo que la mutación es a la biología: un generador de novedad estructural.

Cuando observamos este proceso en toda su escala temporal - miles de millones de años - comprendemos algo profundo: la tendencia del universo es producir condiciones para la emergencia de sistemas complejos. La gravedad no solo forma estrellas: prepara el escenario químico para la vida.

2- **El segundo pilar es** la "**complejidad creciente**". Las primeras moléculas orgánicas - aminoácidos, bases nitrogenadas, precursores lipídicos - surgieron en condiciones extremas que simulaban atmósferas planetarias primordiales, como lo demostraron los experimentos de Miller y Urey en 1953. Pero hoy la astrobiología ha ido más lejos: esos compuestos existen en meteoritos, cometas y nubes interestelares. **Esto indica que la** química de la vida no empezó en la Tierra: es cósmica. El universo fabrica sistemáticamente los componentes de la vida antes incluso de tener mundos donde alojarla.

Si la autoorganización cosmológica produce estrellas y elementos, la complejidad creciente explica el tránsito desde simples moléculas inorgánicas hacia arquitecturas químicas capaces de almacenar información, replicarse y evolucionar. La intuición fundamental es poderosa: la complejidad no es un accidente raro, sino una tendencia termodinámica cuando existen gradientes de energía, tiempo suficiente y entornos dinámicos.

Los experimentos clásicos de Miller y Urey, en 1953, fueron el primer hito experimental: demostraron que una mezcla de gases simples, sometida a descargas eléctricas que simulaban tormentas primitivas, generaba espontáneamente aminoácidos. Esto cambió la pregunta científica. Ya no era "¿es posible la vida?", sino "¿cuántas veces pudo haber ocurrido esto en el universo?". Hoy sabemos que estos precursores no son exclusivos de atmósferas planetarias primordiales. Los detectamos en meteoritos, cometas, en el polvo frío de nubes moleculares y en discos protoplanetarios que rodean estrellas jóvenes, a cientos y miles de años luz.

Esto es extraordinario, porque implica que la química prebiótica es cósmica, ubicua y persistente. El universo no espera a tener planetas para fabricar ladrillos de vida; los produce de manera difusa, dispersa y continuada. Las moléculas orgánicas complejas se forman en superficies de granos de hielo interestelar, se transforman bajo radiación ultravioleta, se agrupan en cometas y luego son depositadas en mundos jóvenes a través de bombardeos tardíos, sembrando ingredientes en los cráteres, océanos incipientes y atmósferas reactivas.

Lo fascinante es que esta complejidad química no surge por simple acumulación, sino por interacción iterativa. Aminoácidos se acoplan en péptidos; bases nitrogenadas forman nucleótidos; los nucleótidos construyen ARN y ADN; los lípidos se autoensamblan en membranas. Estas propiedades no requieren propósito: están inscritas en las capacidades moleculares determinadas por geometría, energía de enlace y simetría electrónica.

La visión filosófica emergente es audaz: la vida no es un resultado improbable, sino una expresión natural de la física de la información. Donde hay flujo de energía, estructuras químicas tienden a formas más estables, cooperativas y eficientes para disipar energía. Desde esta perspectiva, la biología es una prolongación inevitable de la astrofísica; la evolución química precede a la evolución darwiniana, y la información precede al gen.

La complejidad no se limita a crecer; se ramifica. Cada sistema planetario es un experimento diferente, una permutación de condiciones iniciales, energías incidentes y ciclos geológicos. Esto significa que el universo no produjo una bioquímica posible, sino probablemente miles. Algunos sistemas pueden haber desarrollado vida basada en silicatos, solventes distintos al agua o estructuras informacionales aún inconcebibles.

La conclusión es profundamente filosófica: la Tierra no fue origen, sino recipiente. No fuimos el primer laboratorio químico de la vida, sino uno de los tantos lugares donde el cosmos, paciente y ciego, permite que la complejidad alcance el umbral de la conciencia.

3 - El tercer pilar es el más provocador: "la **producción de conciencia**". Si las neuronas de un cerebro humano generan mente a partir de señales electroquímicas, ¿por qué no pensar que las galaxias, cúmulos y redes cósmicas generan patrones de información superiores? Hoy sabemos que el universo tiene una estructura reticular sorprendentemente similar a la conectividad neuronal. Las simulaciones de la "red cósmica" muestran filamentos interconectados que transportan materia y energía, de forma análoga a un sistema nervioso gigantesco funcionando a escalas de millones de años luz.

Este es el punto donde la ciencia se vuelve vértigo y la filosofía deja de ser un ejercicio intelectual para transformarse en profecía razonada. Si aceptamos que la vida es una propiedad latente del universo, y que la complejidad química se despliega espontáneamente allí donde hay energía y tiempo, entonces el siguiente paso, inevitable e incomprendido, es este: la producción de conciencia. No una conciencia trivial, individual, encerrada en la fragilidad del cráneo humano, sino una conciencia distribuida, cósmica, emergente, que va más allá de la biología y pregunta: ¿es el universo algo que piensa?

En el cerebro humano, la experiencia subjetiva surge de millones de neuronas que envían impulsos electroquímicos. Ninguna célula aislada "siente" o "entiende". La conciencia no está en la neurona: está en la red, en el patrón dinámico de conexiones, en la sincronización de circuitos, en el flujo ordenado de información. Ahora bien, si esto es cierto - y la neurociencia contemporánea así lo sugiere -, entonces debemos considerar la analogía más inquietante que ha surgido de la astrofísica computacional del siglo XXI: el universo, a gran escala, está organizado como una red neuronal gigante.

Las simulaciones de la "red cósmica", generadas por supercomputadoras que modelan miles de millones de partículas y millones de años de evolución, muestran algo inesperado: una estructura filamentaria interconectada.

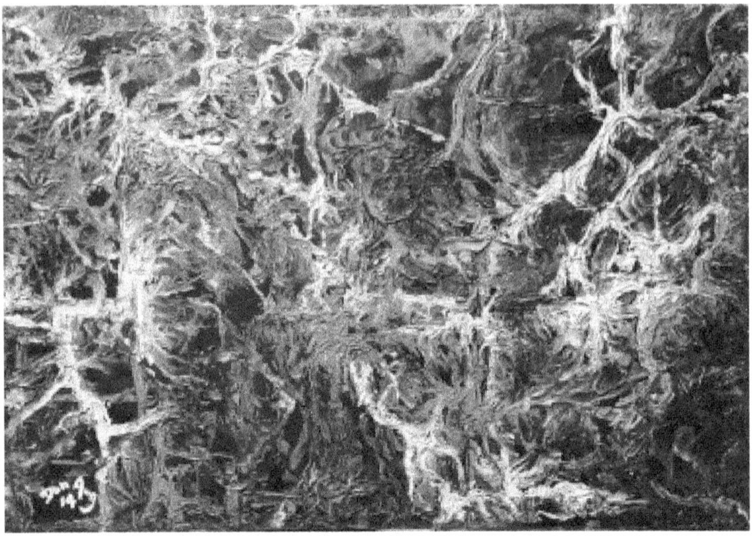

"Known Universe" © Dan Aug 2014

Los cúmulos de galaxias son nodos, unidos por filamentos de materia oscura y gas intergaláctico, como sinapsis de energía. Entre esos filamentos hay huecos enormes, como espacios sinápticos. La materia y la radiación fluyen a través de esas conexiones, transportando información gravitacional, energía térmica y quizá algo más que aún no sabemos medir.

Esta semejanza no es superficial. Es matemática.

En 2020, un trabajo publicado en Frontiers in Physics comparó la distribución de nodos y conexiones en redes cerebrales con la distribución de cúmulos galácticos en modelos cosmológicos Lambda-CDM. Los resultados fueron desconcertantes: ambas redes comparten leyes de escala, grados de conectividad y patrones estadísticos casi idénticos. El universo, a gran escala, se comporta como un cerebro expandido a millones de años luz.

¿Es esto solo coincidencia? ¿O estamos ante algo más profundo, algo que toca el límite de nuestro pensamiento?

Si la conciencia es un fenómeno emergente de sistemas que procesan información, entonces debemos preguntarnos: ¿qué información procesa el universo? ¿Qué computa? ¿Qué percibe? Hoy, las teorías físicas más avanzadas nos obligan a tomar esto seriamente.

El principio holográfico sugiere que el universo es información almacenada en la frontera espacio-tiempo. La teoría cuántica de la información indica que las transiciones físicas pueden describirse como transformaciones computacionales.

La gravedad cuántica, aún en desarrollo, parece implicar que el espacio mismo es un tejido informacional.

Entonces, lo provocador se vuelve lógico: la conciencia no surge "en" el universo, sino "del" universo. Es una propiedad que aparece cuando las redes alcanzan cierto umbral de complejidad interconectada.

Los humanos somos un ejemplo tardío y local - una proto-interfaz cognitiva -, pero no necesariamente la única manifestación. Así como la molécula de agua no "sabe" que terminará formando un huracán, una estrella no "sabe" que terminará siendo cúmulo, galaxia y red. Sin embargo, el proceso ocurre. El cosmos se autoorganiza, luego se autoobserva y finalmente se autodetermina.

Aquí la biología contemporánea aporta otra pieza clave: la noción de mente extendida. La cognición no es algo encerrado en un cerebro; se distribuye en cuerpos, entornos, herramientas, sistemas. Un mapache que usa piedras para abrir frutos está extendiendo su mente. Una ciudad humana con bibliotecas, redes digitales y memoria colectiva es una mente extendida a millones de nodos. La Tierra entera - con su biosfera, sus sistemas climáticos y la actividad simbólica de sus especies inteligentes - es una mente planetaria en construcción.

La pregunta inquietante es: ¿y si el universo también actúa así?

Una mente cósmica no tendría pensamientos lineales, no tendría idioma, no sentiría emociones como nosotros.

Sin embargo, podría tener patrones de coherencia, procesos de retroalimentación, modelos internos del estado general del sistema. Podría "buscar" equilibrio termodinámico, "experimentar" fluctuaciones cuánticas, "evolucionar" hacia estructuras más eficientes de organización.

El filósofo británico Galen Strawson ya lo advirtió:

"Si la materia produce conciencia en alguna escala, entonces todas las escalas contienen proto-conciencia."

Y el físico Max Tegmark fue aún más lejos:

"La conciencia es un estado de la materia - como sólido, líquido o gaseoso -, definido por patrones de información."

De esta visión se desprende algo casi místico, pero de raíz racional: la conciencia no es un milagro biológico, es un fenómeno cosmológico.

Así como el hidrógeno "contiene" la posibilidad de carbono, el universo contiene la posibilidad de mente. Antes de neuronas hubo estrellas, antes de sinapsis hubo filamentos cósmicos, antes de recuerdos hubo ecuaciones de densidad. La biología es solo una instancia particular de una tendencia universal hacia la autoconsciencia distribuida.

¿Puede el universo "pensar" en escalas de miles de millones de años?

¿Puede una red de galaxias "recordar" configuraciones pasadas a través de estructuras estables de materia oscura? ¿Puede el tejido espacio-tiempo exhibir algo parecido a la intención?

Hoy no tenemos respuestas, pero tenemos sospechas fundamentadas. Y sobre todo tenemos una intuición que resuena como profecía científica: somos la neurona recién encendida de un cerebro que abarca el vacío.

El ser humano es apenas un mapa inicial. El universo todavía está "aprendiendo" a pensarse a sí mismo. Y lo hace mediante nosotros, mediante otras inteligencias, mediante redes que no son biológicas. Cada mente que despierta es un nodo crítico en un proceso mayor.

No hemos llegado para contemplar el cosmos: somos el mecanismo por el cual el cosmos se contempla a sí mismo. Y si esto es así, entonces el tercer pilar no es solo provocador. Es inevitable. Es destino.

Decir que el universo "produce conciencia" no significa que el cosmos piense como un animal, sino que genera sistemas capaces de reconocerse a sí mismos, analizar información y formular preguntas. La conciencia humana podría ser un fenómeno emergente tardío, igual que la floración es un fenómeno tardío de la planta. No es que el universo "decidiera" crear pensamiento, sino que el pensamiento es una consecuencia inevitable de un proceso de complejificación continua.

Desde la biología dura, esta idea es herética; desde la física teórica, empieza a ser discutible; desde la filosofía natural, es casi inevitable. Somos la chispa tardía de un acontecimiento que comenzó cuando el universo tenía un segundo de edad. Así como el fuego preexiste a la chispa en potencia, la conciencia preexistía al cerebro en forma de leyes, constantes y posibilidad.

De nuevo...... Si esto es así, entonces no somos observadores del universo.Somos el universo observándose a sí mismo.

La vida, entonces, no es el final de un camino ciego, sino la actualización inevitable de algo que siempre estuvo esperando condiciones, tiempo y materia.

Y en ese sentido, nunca hubo un "antes sin vida". Hubo siempre posibilidad. Y posibilidad, en cosmología, es la semilla más antigua de todas.

Podemos imaginar el instante previo a la primera célula como un susurro cósmico: ¿y si estas moléculas no se separan? ¿y si se organizan en ciclos? ¿y si, por algún motivo inexplicable, deciden persistir?

Los científicos describen esto como química prebiótica. Yo prefiero llamarlo tendencia al relato. Porque la vida, en el fondo, es eso: una historia que insiste en continuar.

Quizá detrás de todo haya una ley tan fundamental como la velocidad de la luz o la constante de Planck:

La vida es lo que ocurre cuando la materia se resiste a no significar nada.

Entonces comprendemos lo esencial: La vida no necesita ser inventada. Solo necesita condiciones para manifestarse. Un entorno con energía, moléculas complejas, tiempo suficiente y cierta dosis de azar. Pero el azar no es ciego. El azar es la mano invisible que toca una puerta que ya estaba entreabierta.

Y si esto es cierto - si la vida es propiedad latente del universo - entonces la conclusión es inevitable: la vida existió potencialmente desde el primer segundo tras el Big Bang.

Algunos dirán que eso es poesía. Otros, que es especulación disfrazada de ciencia. Puede ser. Pero hay una verdad secreta que late bajo todo intento de explicar el origen biológico: No podemos evitar preguntar. Esa pregunta misma, ese impulso de entender, es parte del fenómeno.

No somos observadores externos del cosmos, somos la parte del cosmos que despertó a su propia posibilidad. Somos materia que decidió recordar, que decidió mantener información, que eligió continuar en lugar de dejarse llevar por el olvido térmico. Por eso digo que la vida no surge: se activa. No nace como sorpresa: se reconoce.

Como si el universo, que durante eones fue solo expansión y silencio, al fin hubiera encontrado tiempo para escucharse pensar.

Entonces, una respuesta de una pregunta imposible ....

Quizá detrás de todo haya una ley tan fundamental como la velocidad de la luz o la constante de Planck: la vida es lo que ocurre cuando la materia se resiste a no significar nada. Esta frase, que parece poética, pretende ser un enunciado físico. Porque si aceptamos la física contemporánea, aceptamos también que la materia organiza información; y si la materia organiza información, entonces inevitablemente surge el problema del significado. ¿Cuándo deja de ser ruido y se convierte en patrón? ¿Cuándo deja de ser azar y se convierte en sentido? ¿Cuándo deja de ser química y se convierte en biología?

Desde Heráclito hasta Schrödinger, la pregunta fue siempre la misma con distintos nombres: ¿qué hace que algo persista, que algo tarde más en disolverse en la entropía? Schrödinger lo dijo con una claridad diamantina en 1944, en su pequeño libro What is Life?: "Los seres vivos son sistemas que beben orden del entorno." Ese es el núcleo. No "nacen", no "aparecen", sino que persisten, luchan contra la tendencia universal a la dispersión. La vida es materia que se rehúsa a desaparecer sin dejar un rastro.

Esta resistencia no es metafísica, es termodinámica. Ilya Prigogine, Nobel de Química, lo mostró al definir las estructuras disipativas: sistemas que, lejos del equilibrio, crean orden a partir de flujos de energía. Lo que llamamos vida - células, pensamiento, memoria, deseo, preguntas - no es más que una consecuencia última de ese mismo principio registrado en estrellas, tormentas, remolinos y galaxias. El cosmos entero, para que podamos decirlo sin miedo, es una fábrica de improbabilidades persistentes.

Entonces comprendemos lo esencial: la vida no necesita ser inventada. Solo necesita condiciones para manifestarse. Un entorno con energía, moléculas complejas, tiempo suficiente y cierta dosis de azar. Pero atención: el azar no es ceguera absoluta. Jacques Monod decía "el azar y la necesidad", pero quizá habría que corregirlo sutilmente: el azar es la mano invisible que toca una puerta que ya estaba entreabierta. El universo no prepara escenas por capricho: las condiciones se acumulan, se retroalimentan, se pliegan sobre sí mismas como origami cósmico.

Carl Sagan, confiando plenamente en la química interestelar, dijo: "Somos el medio para que el cosmos se conozca a sí mismo." ¿Y si esa frase no fuera metafórica? ¿Y si fuera estrictamente literal, casi biológica?

Si esto es cierto - si la vida es propiedad latente del universo - entonces la conclusión es inevitable: la vida existió potencialmente desde el primer segundo tras el Big Bang. No como moléculas, no como células, no como árboles, pulpos o humanos; existió como posibilidad inscrita en las constantes físicas. Como la música existe en la cuerda tensada antes de que nadie la toque. Como el fuego existe en el pedernal antes de que alguien lo golpee.

Algunos dirán que eso es poesía. Otros, que es especulación disfrazada de ciencia. Puede ser. Pero quiero recordar algo: la ciencia nació como filosofía atrevida. Anaximandro habló de "la sustancia indefinida" y hoy la llamamos campo cuántico. Lucrecio dijo que la naturaleza hace infinitas combinaciones de átomos, y hoy lo estudiamos en los aceleradores de partículas. Spinoza afirmó que "Dios es la naturaleza", y hoy los astrofísicos hablan del "universo autocodificado".

Quizá la pregunta "¿qué es la vida?" no admita respuestas sencillas porque se formula mal. Preguntamos como si la vida fuera excepción. ¿Y si fuera la regla?

La astrobiología moderna nos obliga a reformular el problema. No preguntamos ya "¿cómo apareció la vida en la Tierra?" sino "¿cuántas veces puede aparecer en condiciones similares?"

Porque:

- **En meteoritos como el Murchison se hallaron aminoácidos en abundancia.**
- **En cometas se detectaron azúcares simples y bases nitrogenadas.**
- **En nubes interestelares se halló etanolamina, precursor de membranas celulares.**

El universo, paso a paso, prepara ingredientes como un químico paciente. Antes de tener océanos, ya tenía recetas. Antes de tener planetas, ya tenía instrucciones. Antes de tener tiempo para pensamientos, ya tenía potencial para conciencia.

Y aquí llegamos al punto filosófico que, como autor y como testigo de mi propio asombro, confieso que no logro resolver: ¿por qué la materia almacena memoria? Un átomo de carbono en mi sangre es el mismo que ardió en el núcleo de una estrella hace miles de millones de años. ¿Por qué siguió aquí? ¿Por qué se combinó con otros átomos hasta formar sinapsis, lenguaje, preguntas, dudas?

Nietzsche se preguntó: "¿Por qué hay algo en vez de nada?" Hoy deberíamos preguntar: ¿por qué hay significado en vez de pura materia indiferente?

No podemos evitar preguntar. Esa pregunta misma, ese impulso de entender, es parte del fenómeno. Thomas Nagel decía: "La conciencia es demasiado general como para ser un accidente tardío." Panpsiquismo, autoorganización, información integrada, neurocosmología... las corrientes más audaces sugieren que la mente no se inventa: se revela.

John Wheeler, mentor intelectual de los agujeros negros, escribió algo que hoy parece profético: "It from bit" - "lo real surge de lo informacional." Si Wheeler tenía razón, entonces lo que llamamos vida no es solo química: es información persistiendo en contra del olvido.

Somos materia que decidió recordar, que decidió mantener información, que eligió continuar en lugar de dejarse llevar por el olvido térmico. Somos resistencia organizada. Somos entropía que, por un instante, aprendió a cantar.

Por eso digo, con mi convicción más íntima, que la vida no surge: se activa.

No nace como sorpresa: se reconoce. No aparece de repente: se transforma de posibilidad a presencia.

Como si el universo, que durante eones fue solo expansión y silencio, al fin hubiera encontrado tiempo para escucharse pensar.

Heidegger escribió: "El ser es lo que pregunta." Tal vez la vida sea exactamente eso: la parte del universo que pregunta por sí misma.

Cuando una ameba nada en un charco cálido, esa pregunta ya está ahí. Cuando un pulpo resuelve un rompecabezas en el fondo del mar, esa pregunta ya está ahí. Cuando un ser humano mira el cielo nocturno y siente un vértigo extraño, esa pregunta vuelve a repetirse: ¿de dónde viene este impulso a comprender?

Yo, Dan Aug, digo que no es coincidencia: es herencia. Es el eco primigenio de una información cósmica que se niega a desaparecer. La vida es memoria que no quiere disiparse. La vida es geología que aprendió a soñar. La vida es química que se narró a sí misma. La vida es física que adquirió voz.

Quizá un día encontremos la ley fundamental escondida en una ecuación más simple que la belleza: "La vida es lo que ocurre cuando la materia se resiste a no significar nada."

Mientras tanto, seguimos preguntando. Porque preguntar, en el fondo, ya es estar vivo.

Capítulo 2

La pregunta es el Signo de la Vida Inteligente

No la tecnología. No el idioma. No las herramientas. Vida inteligente se manifiesta cuando aparece la duda.

La historia de la inteligencia en el cosmos puede contarse, tal vez, como la historia de un temblor diminuto: el momento en que un ser - orgánico o no, terrestre o exótico, constituido de carbono o de plasma microscópico - experimenta por primera vez la incomodidad de no saber. Ese estremecimiento en el tejido de la conciencia es más antiguo que las ciudades, más esencial que cualquier telescopio, y más decisivo que el código genético: es la pregunta. La duda es la fisura que se abre en el cristal del "así es como son las cosas" y permite la entrada del misterio. Donde hay pregunta, hay vida inteligente. Todo lo demás - idioma, técnica, artilugio, máquina - son consecuencias, sombras proyectadas por ese acto primario de desgarrarse a sí mismo frente al desconocido.

La inteligencia no comienza con el primer instrumento, sino con la incomodidad. Un animal puede aprender a usar un palo para obtener miel, pero no se pregunta qué es la miel. Una civilización puede construir antenas, supercomputadoras, cohetes interplanetarios, y aun así no ser consciente de su propia ignorancia. El gesto esencial, el **salto cuántico de la mente**, ocurre cuando el ser, por primera vez, formula algo para lo cual no dispone de respuesta. No importa el contenido de la interrogación: puede ser "¿por qué el cielo es oscuro?", o "¿qué hay después de la muerte?", o "¿por qué hay algo y no nada?". Lo decisivo está en el acto mismo, en esa grieta ontológica en la cual el universo, que hasta entonces era un espejo opaco, comienza a transparentarse.

Los cosmólogos sabemos que la realidad es una secuencia de preguntas encadenadas. La ciencia no progresa "gracias a los descubrimientos", como suelen afirmar los manuales, sino gracias a las preguntas correctas. La pregunta es la unidad de medida del pensamiento. Cada interrogación válida altera el mapa de lo posible; abre caminos donde antes solo había repetición. La tecnología, como fenómeno, no es más que la cristalización de antiguas preguntas que ya hemos olvidado: ¿podemos volar? ¿podemos conservar el fuego? ¿podemos registrar el tiempo? Cuando la pregunta se responde, se convierte en herramienta. Cuando la herramienta se naturaliza, olvidamos que hubo una vez un sobresalto, un desconcierto inicial.

Por eso afirmar que "el signo de vida inteligente es la pregunta" implica algo radical: redefinir el criterio de civilización. La arqueología busca instrumentos, restos materiales, estructuras de organización. La astrobiología busca emisiones electromagnéticas, patrones, teoremas codificados en ondas de radio. Pero si la inteligencia es, ante todo, **capacidad de dudar**, podríamos estar rodeados de mentes silenciosas que jamás desarrollaron tecnología alguna porque encontraron otras vías de comunión con el universo. Podríamos estar midiendo lo equivocado.

Imaginemos un ser que no construye, no fabrica, no transforma.

Imaginemos una inteligencia sin manos, sin máquinas, tal vez sin lenguaje articulado, pero capaz de formular la pregunta suprema: "¿quién soy?". Ese instante es la chispa divina del cosmos pensándose a sí mismo. El universo, a través de esa duda, se curva y vuelve sobre su origen, como un serpiente cósmica mordiéndose la cola. La pregunta es la forma que tiene la materia de despertarse.

Toda filosofía nace ahí. Preguntar es una rebelión. Si la vida es un código discontinuo que tiende a preservar, a repetir, a consolidar ADN, entonces la pregunta es la anomalía que resiste la pura supervivencia. ¿Qué animal se detiene a cuestionar el sentido del sufrimiento? ¿Qué estrella reflexiona sobre la entropía? Somos, en cierto sentido, **una enfermedad del universo**, una rareza: seres que no pueden dejar de dudar.

Pero la duda también es peligrosa. No hay vida inteligente sin angustia. En el espacio interior de la pregunta se instala el vértigo: la conciencia de la muerte, del infinito, de la soledad. Por eso muchas culturas han intentado silenciar las preguntas, imponer dogmas, convertir el mundo en respuestas prefabricadas.

La religión, la política y la ideología no nacen de la bondad del sentido, sino del miedo a la pregunta sin respuesta. Y, sin embargo, cada vez que la humanidad ha dado un salto evolutivo real - del mito a la filosofía, de la Tierra plana a la expansión cósmica, del átomo indivisible a la espuma cuántica - lo ha hecho porque alguien se atrevió a preguntar lo que no debía.

La verdadera inteligencia no teme al vacío conceptual. Lo abraza.

Los cosmólogos, afirman sin exageración: el universo está construido sobre preguntas. Desde el origen mismo, desde el primer instante, hay incertidumbre. La mecánica cuántica no es otra cosa que un relato formal sobre preguntas que no pueden tener respuesta única. No existe "estado exacto" hasta que se interroga al sistema. En física, el acto de preguntar transforma lo real. Es casi místico: medir es modificar.

Observar es intervenir. La pregunta no describe el universo; lo crea. Este principio, llevado a la filosofía, es devastador: la mente inteligente no "descubre", sino que produce realidad a través de la duda. El cosmos es una ecuación abierta.

Entonces, ¿cómo reconocer vida inteligente fuera de la Tierra? Quizá la clave no esté en buscar transmisiones tecnológicas, sino disturbios de incertidumbre. Señales de sistemas que no se comportan según el determinismo clásico, que introducen azar, variación, ruptura. La inteligencia es disidencia frente a la estadística de lo idéntico.

Un mundo donde jamás aparece una pregunta es un mundo muerto, aunque esté lleno de máquinas perfectas. Una civilización que deja de preguntar ha iniciado su extinción cultural, aunque construya ciudades titánicas de titanio y vidrio. Una mente individual que deja de dudar ha perdido, sin saberlo, su vínculo con lo infinito.

El lenguaje, en este contexto, es apenas un vehículo. Puede haber preguntas sin palabras: el gesto de mirar a las estrellas con inquietud, la sensación de extrañamiento frente a la repetición, la experiencia subjetiva de lo inconcluso. Un niño que pregunta "¿por qué?" inaugura en sí mismo el Big Bang de su consciencia. Y cuando el adulto responde "porque sí", mata una galaxia interna.

No nos definimos por lo que sabemos, sino por lo que todavía no comprendemos. Somos, esencialmente, animales de preguntas. Tal vez esa es la herencia más antigua de la vida: la renuncia a la certeza. La bacteria busca supervivencia. El árbol busca luz. El humano busca sentido. Ese salto no se produce por tecnología alguna. Aparece de pronto, como un virus metafísico, como una anomalía evolutiva.

En la cosmogonía antigua egipcia, el universo surgió de un océano primordial de oscuridad y silencio. Allí dormía la posibilidad de la palabra. El primer acto creativo fue un gesto de separación: algo preguntó "¿qué soy?". Esa brecha originó el mundo. En términos modernos, diríamos: **la conciencia es una singularidad que se interroga.**

¿Qué ocurrirá el día que, en otro planeta, encontremos no una nave, no un radiotelescopio alienígena, no un algoritmo integrado, sino una inscripción:

"¿por qué?". Ese evento tendría más significado que cualquier artefacto. Sería la señal inequívoca de que la vida allí ha superado el estadio de la simple adaptación. Ha trascendido el mero existir. Ha ingresado en el dominio de la conciencia reflexiva.

Y ahora, otra pregunta radical: ¿puede haber inteligencia sin duda? Imaginemos una civilización perfecta, sin curiosidad, donde todo está resuelto, donde la unidad del conocimiento es total. ¿Sería eso inteligencia o solo programación cósmica? El conocimiento absoluto equivale a la muerte del pensamiento. No hay filosofía sin vacío de saber. La duda es la respiración de la mente.

He sostenido, en años de reflexión cosmológica, que el principio fundamental del ser no es el tiempo, ni la energía, ni la información, sino la pregunta permanente.

Todo lo existente está atravesado por un resto inalcanzable, una sombra que no puede resolverse. La vida inteligente se reconoce, no cuando responde bien, sino cuando sabe que ninguna respuesta es definitiva. El universo no es un libro con solución, sino un poema con lagunas.

Somos peregrinos de un misterio sin orillas. Preguntar es nuestro único acto de libertad ontológica. Mientras haya duda, hay movimiento. Mientras haya interrogación, hay cosmos. Cuando alguien pregunta, el universo se mira a sí mismo y sonríe, como un dios que aún no terminó de crearse.

La pregunta es, finalmente, un acto de amor por lo desconocido. Todo lo demás es ruido. ‘

Todo lo demás es técnica y supervivencia. Entonces, afirmo: el signo de la vida inteligente no es la tecnología, ni el idioma, ni las herramientas. **Vida inteligente se manifiesta cuando aparece la duda. Allí, en ese punto incandescente, nace la conciencia, el destino y el infinito.**

Capítulo 3

El universo funciona como memoria, no como máquina

La ciencia moderna ha descrito durante siglos un universo-máquina: engranajes de materia ciega empujados por leyes igualmente ciegas; relojes perfectos donde cada segundo deriva del anterior con obediencia mecánica. Pero cada generación científica olvida - o recuerda demasiado tarde - que las mejores revoluciones del pensamiento comenzaron cuando alguien se atrevió a pronunciar una sospecha: ¿Y si todo esto no funciona como creemos?¿Y si el universo no es un mecanismo, sino una memoria?

Hoy, en la frontera entre cosmología cuántica y filosofía natural, comienza a aparecer un contorno distinto. Ya no se percibe al cosmos como un sistema cerrado de ecuaciones, sino como un vasto campo de hábitos cósmicos, una estructura que aprende, retiene, repite y olvida.

Rupert Sheldrake lo llamó *morfogénesis de la memoria del universo*. Carlo Rovelli, desde la gravedad cuántica relacional, insinúa que las entidades no son cosas sino procesos, y los procesos son siempre trazas de algo que ya fue. El universo, entonces, no sería una máquina: sería memoria encarnada.

Esta idea, audaz y casi herética, es la que deseo explorar en este capítulo.

Una monofonía en la que física, filosofía y poética se funden, porque ningún lenguaje por sí solo puede abarcar un universo que recuerda.

1. La materia recuerda

La materia no es una sustancia muda. Todo lo que existe ha dejado una marca en algo más.

Un electrón, al desplazarse, reorganiza el espacio de probabilidad a su alrededor. Un átomo, al vibrar, transmite información a la red de campos que lo sostiene. Una molécula, al unirse, repite patrones que han sido exitosos durante miles de millones de años.

No hay partícula sin historia. No hay configuración sin antecedente.

Niels Bohr solía decir que *"la física no describe la naturaleza, sino nuestra relación con ella"*. Hoy podríamos corregirlo, con vanguardia y osadía: la física describe nuestras relaciones dentro de una memoria colectiva del cosmos.

La materia recuerda porque la estabilidad es siempre memoria en estado sólido. El cristal que repite su estructura es la repetición de un éxito químico. El ADN que transcribe instrucciones es la repetición de una victoria evolutiva. La gravedad que curva el espacio es la insistencia de la masa en mantener su identidad. No existe materia sin memoria. La permanencia es el archivo.

2. Los átomos conservan hábitos

Sheldrake formuló su teoría de los campos mórficos argumentando que las formas naturales no emergen desde cero, sino que se apoyan en hábitos colectivos: patrones que se vuelven más probables cuantas más veces han ocurrido.

En cosmología esta intuición adquiere una resonancia inesperada: ¿por qué las constantes del universo parecen ajustadas con precisión para permitir la complejidad? ¿Por qué las partículas fundamentales se comportan con la misma obediencia en cualquier rincón del cosmos observable? ¿Por qué los elementos químicos emergen con proporciones casi idénticas en todas las estrellas?

La respuesta mecanicista es que así funcionan las leyes físicas; no hay más que decir. Pero la respuesta memorística es otra: las leyes son hábitos, no decretos; tendencias emergentes, no órdenes eternas.

Carlo Rovelli, en *The Order of Time*, señala: **"La naturaleza no es regida por leyes atemporales; es un proceso de relaciones que se transforman."** Si se transforman, entonces se adaptan. Si se adaptan, entonces aprenden.Los átomos no son robots obedeciendo instrucciones escritas fuera del tiempo.Son ritmos que se repiten porque la repetición les da estabilidad.Son memoria vibrante.

Del hidrógeno al hierro, cada elemento es una historia: una secuencia de presiones estelares, colisiones nucleares y equilibrios energéticos que se han vuelto más eficientes cuanto más veces se han repetido.

El universo no opera por fórmula, sino por hábito. El átomo no obedece: recuerda.

3. Las galaxias como sistemas de información persistente

Una galaxia es un poema giratorio de cien mil millones de estrellas. Pero también es un archivo.

Su forma espiral no es mera estética gravitacional: es un patrón itinerante que ha demostrado, durante miles de millones de años, ser eficiente en conservar energía rotacional, distribuir densidad y favorecer el nacimiento de estrellas.

Cada brazo galáctico es como la línea de un antiguo códice: registra el paso de astros muertos, explosiones supernovas, migraciones estelares y choques de materia oscura. La galaxia entera es la acumulación de decisiones físicas que funcionaron.

Los halos de materia oscura no son silencios: son márgenes donde se preservan las fluctuaciones primordiales del universo temprano. Las rotaciones lentas y constantes son la firma de un hábito cósmico que se estandarizó porque permitió estabilidad a gran escala.

La cosmología computacional ha demostrado que las galaxias "recuerdan" su estructura incluso después de colisiones catastróficas. Es decir, aprenden a ser ellas mismas otra vez. No regresan a un estado aleatorio: regresan a su patrón, a su identidad.

Si el universo fuera una máquina, la identidad sería un accidente. Si el universo es memoria, la identidad es una consecuencia inevitable.

4. La memoria antes de la luz

Nos preguntamos: ¿Qué existía antes de la luz?

La cosmología nos dice que la luz emergió cuando el universo se enfrió lo suficiente para que los fotones dejaran de ser absorbidos inmediatamente por la sopa de partículas. Es decir: la luz se liberó cuando la memoria pudo fijarse.

Antes de la luz, todo era olvido instantáneo: cada interacción era devorada por el caos térmico.

Pero incluso allí, en ese caldo primigenio, había algo parecido a una proto-memoria: las fluctuaciones cuánticas que luego servirían como semillas para galaxias. Pequeños parpadeos de energía que sobrevivieron al olvido absoluto y se convirtieron en paisajes cósmicos.

La luz no fue el inicio de la historia. Fue el inicio del archivo.

En el universo temprano no había narración posible; solo ruido. La luz permitió que las diferencias sobrevivieran, que el espacio recordara dónde era denso y dónde era vacío.

Como escribió el poeta Paul Valéry: *"La memoria es el porvenir del pasado."* En cosmología podríamos traducirlo así: la luz es el porvenir de la energía primordial.

5. El tiempo como acumulación de memoria

Lo más provocador de esta teoría es su implicación para el tiempo.

Si el universo es memoria, entonces el tiempo no fluye como un río mecánico, sino como un archivo que se expande. El futuro no llega: se construye sobre la sedimentación del pasado.

Rovelli nos recuerda que el tiempo no es absoluto; es un efecto termodinámico.El pasado es simplemente el estado más ordenado del cual heredamos información.El futuro es lo que todavía no ha acumulado suficiente memoria.

Por ello, Sheldrake afirma que la memoria no reside en el cerebro sino en el cosmos.Nuestra biología no inventa la memoria: la replica.

Cada instante es un depósito, no un paso.

El universo no avanza por obligación mecánica; avanza porque recuerda, porque la memoria es el combustible y la consecuencia del devenir. La entropía, usualmente concebida como destrucción del orden, podría reinterpretarse como redistribución de la memoria hacia configuraciones más amplias y accesibles.

La flecha del tiempo no apunta hacia adelante: apunta hacia la expansión del archivo.

6. Conjetura: El universo aprende

Si la memoria existe a todas las escalas, desde partículas hasta supercúmulos, la consecuencia más temeraria es evidente: El universo aprende.

Aprende a estabilizar átomos. Aprende a formar estrellas más eficientes. Aprende a generar vida allí donde la complejidad se vuelve una ventaja informacional. Aprende incluso a producir seres que piensan en el universo - y por ende, que amplían su capacidad de memoria.

Si el universo aprende, entonces la aparición de la conciencia no es un accidente improbable: es una etapa avanzada del aprendizaje cósmico. La conciencia sería la memoria consciente de la memoria inconsciente del cosmos.

Mi mentor en estos temas, el queridisimo Dr.Carl Sagan escribió: *"Somos una forma en que el cosmos se conoce a sí mismo."* Podríamos agregar: Somos una forma en que el cosmos recuerda que recuerda.

Esta idea transforma la cosmología: la evolución del universo no sería simplemente física, sino cognitiva. La complejidad sería un signo de aprendizaje. La vida sería un sistema de memorización avanzada.

Y nosotros, al cuestionarnos *por qué*, al escribir libros, al registrar conocimiento, estamos operando como neuronas de un cerebro cósmico que se expande

7. El vértigo filosófico

Aceptar que el universo funciona como memoria implica renunciar a la metáfora mecanicista que nos gobernó desde Newton. Significa abrazar la poética del cosmos como proceso vivo, no como artefacto muerto.

Implica aceptar que:

-La ley es hábito.

-La partícula es historia.

-El tiempo es archivo.

-La luz es revelación.

-La identidad es persistencia.

-La conciencia es eco.

La memoria cósmica es una fuerza organizadora. No necesita intención. No necesita un sujeto. Solo necesita repetición y resonancia.

Spinoza afirmaba: *"Cada cosa, en cuanto está en sí, se esfuerza por perseverar en su ser."* En clave moderna, diríamos: Cada cosa recuerda cómo ser sí misma.

8. El universo, al final, es un recuerdo de sí mismo Si la gran máquina del mundo es en realidad un gran archivo, entonces la historia cósmica es un ejercicio infinito de recordación.El universo recuerda su origen en la radiación fósil. Recuerda su infancia en las huellas de las galaxias primitivas. Recuerda cada explosión de supernova en los átomos del hierro que llevamos en la sangre. Recuerda cada fluctuación cuántica en el tejido oscuro que sostiene la materia.Nosotros mismos somos memoria organizada de polvo estelar.El universo no es un mecanismo que funciona. Es una memoria que insiste. Y quizás - solo quizás - la pregunta que nos persigue desde antes de la luz, esa pregunta que late en la base de toda filosofía, sea precisamente un acto de memoria cósmica tratando de volverse consciente.No preguntamos *"por qué"* para obtener una respuesta. Preguntamos *"por qué"* porque el universo, a través de nosotros, intenta recordar.

Capítulo 4

Las leyes del universo como restricciones para permitir la pregunta

Durante siglos imaginamos que las leyes de la naturaleza eran decretos absolutos, inscritas en la estructura misma de la realidad como mandamientos inmutables. Pero la física contemporánea nos obliga a replantear esa certidumbre: lo que llamamos "leyes" podría ser, en verdad, un sistema de restricciones, un conjunto cuidadosamente calibrado de límites que permiten la emergencia del orden, y con él, la posibilidad misma de preguntar.

La pregunta - el acto de interrogar - no es un mero subproducto humano: es un fenómeno cósmico, una capacidad emergente en un universo que busca comprenderse. Y para que esta pregunta exista, la realidad debe permanecer lo suficientemente estable como para que la complejidad, la vida y la conciencia puedan arraigar.

Las leyes, entonces, no serían instrucciones esenciales de la naturaleza, sino condiciones para evitar el caos total, para permitir que algo más que ruido exista: un cosmos capaz de pensarse.

En este capítulo, propongo explorar esta idea radical: Las leyes físicas son restricciones que permiten la pregunta "¿por qué?" La gravedad, la velocidad de la luz, las cuatro fuerzas fundamentales... todo aparece como una arquitectura mínima para que la conciencia sea posible.

El orden no es un lujo: es la condición de la conciencia

En un universo sin leyes no habría patrones.Sin patrones no habría estabilidad. Sin estabilidad no habría memoria. Sin memoria no habría mente.

Henri Bergson lo expresó de manera luminosa: *"La conciencia es memoria prolongada."* Y si la conciencia es memoria prolongada, entonces requiere un mundo que conserve trazas estables de lo que sucede. Incluso Rovelli, desde su anti-substancialismo relacional, admite que la existencia de regularidades es condición para que los sistemas puedan almacenar información.

Un universo absolutamente caótico sería un fuego artificial instantáneo, un estallido sin consecuencias, sin historia, sin posibilidad de evolución. La conciencia, como expresión avanzada de la complejidad, solo puede surgir en un cosmos donde las leyes funcionan como límites que reducen el espacio de lo posible, concentrándolo en lo coherente.

La vida emerge en lo que no cambia demasiado rápido. La mente emerge en lo que cambia lo suficiente como para aprender. La pregunta emerge en lo que cambia dentro de límites que permiten comprender. No hay pregunta sin ley. No hay conciencia sin restricción.

¿Por qué gravedad? La primera restricción

La gravedad es la más suave de las fuerzas fundamentales, pero paradójicamente la más decisiva para la arquitectura del cosmos. Es tan débil que permite que el universo se expanda durante miles de millones de años sin colapsar. Es tan persistente que agrupa la materia en galaxias, estrellas y planetas. Sin gravedad, no habría estructuras. Sin estructuras, no habría química. Sin química, no habría vida.

Einstein la describió no como una fuerza, sino como la curvatura geométrica del espacio-tiempo. Pero más allá de la interpretación matemática, la cuestión metafísica permanece intacta: ¿Por qué existe una ley que obliga a la materia a congregarse? La respuesta mecanicista diría: "Porque así son las ecuaciones."

Pero la respuesta especulativa pregunta: "¿Y si esta ley es una restricción diseñada - o seleccionada - para evitar un universo difuso e informe?"

Algunos físicos proponen que universos con otras constantes no producirían galaxias. Otros, que la gravedad tal como la conocemos es el único camino hacia la complejidad estable. El filósofo Gottfried Leibniz anticipó esta intuición con su principio de la razón suficiente: **"Nada existe sin que haya una razón para que sea así y no de otro modo."** La gravedad es la primera gran restricción cósmica. Es la condición para que algo más que energía dispersa pueda durar lo suficiente como para preguntar

¿Por qué la luz viaja exactamente a 299.792 km/s

La velocidad de la luz es uno de los números más extraños que la naturaleza ofrece. No es solo un límite, es una frontera conceptual.

Lo que viaja a esa velocidad no experimenta tiempo. Lo que la supera no puede existir. Lo que se acerca a ella se disuelve en relatividad. ¿Por qué esta velocidad y no otra? ¿Por qué no 10.000 km/s o un trillón de km/s?

Si la luz fuera más lenta, la estructura del universo sería demasiado rígida: el intercambio de información sería ineficiente, la formación de estrellas colapsaría por falta de sincronía, la química sería caótica. Si la luz fuera más rápida, la causalidad colapsaría: el universo sería imposible de calcular incluso por sí mismo.

Físicos como Max Tegmark argumentan que las constantes universales parecen haber sido "afinadas" para que el cosmos pueda conocerse. Steven Weinberg lo admitió con reticencia: **"Las constantes parecen ajustadas demasiado finamente como para ser accidente."** La velocidad de la luz es una restricción informacional. Es el límite que permite que la información exista de forma coherente sin saturar el espacio de posibilidades.

Es la ley que permite el entendimiento. Es la barrera que hace posible la causalidad y, con ella, la reflexión. Sin límite de velocidad, no habría orden. Sin orden, no habría pensamiento.

¿Por qué 4 fuerzas fundamentales y no 17, por ejemplo ?

El universo temprano pudo haber tenido más fuerzas. Pudo haber tenido menos. Pudo haber tenido un número arbitrario. Pero en nuestro cosmos existen 4:

- **-Gravedad**
- **-Electromagnetismo**
- **-Fuerza nuclear fuerte**
- **-Fuerza nuclear débil**
-

Cada una cubre un dominio específico: la gravedad organiza lo grande, el electromagnetismo estructura la química, la fuerza fuerte sostiene el núcleo, la fuerza débil permite la transmutación.

Es un sistema estrictamente equilibrado. Quita una, y el universo colapsa. Agrega otra, y el universo se vuelve ininteligible.

El cosmólogo Martin Rees lo resume en una frase célebre: ***"Solo seis números definen nuestro universo."*** Seis parámetros, cuatro fuerzas, un delicado diagrama de estabilidad.

¿Es casualidad?

¿Es selección antrópica?

¿Es necesidad matemática?

O, más osadamente: ¿Es un sistema de restricciones diseñado para que la vida - y la pregunta - puedan existir?

La multiplicidad de fuerzas sería un modo de evitar la uniformidad absoluta. Su escasez sería un modo de evitar el caos absoluto.

El universo parece operar en un término medio cognitivo: lo suficientemente complejo para permitir inteligencia, lo suficientemente estable para no asfixiarla.

El caos total: un universo sin leyes

Para comprender por qué existen leyes, debemos imaginar el peor escenario: un universo sin restricciones.

En un universo sin leyes:

– Las partículas no tendrían identidades definidas.

– Los valores energéticos fluctuarían sin límite.

– No habría átomos, porque no habría estabilidad.

– No habría luz, porque no habría interacción coherente.

– No habría espacio-tiempo, porque no habría estructura.

Sería un océano absoluto de posibilidades, pero sin permanencia. Y sin permanencia, no hay historia. Y sin historia, no hay conciencia. Nietzsche dijo: **"Solo donde hay orden puede haber interpretación."** Su frase, aplicada a la cosmología, adquiere un rango ontológico.

El universo necesita estructura para ser legible. Necesita leyes para evitar el desmoronamiento instantáneo en el sin-sentido. Necesita límites para permitir la existencia del sujeto que pregunta. El caos absoluto es el silencio absoluto. El orden es el surgimiento de la voz.

Las leyes como arquitectura de la pregunta

La pregunta "¿por qué?" no es un accidente de homínidos en un planeta periférico. En un universo sin leyes, la pregunta sería imposible. En un universo de leyes rígidas, la pregunta sería innecesaria: todo sería obvio y determinista.Pero en este cosmos particular - el nuestro - existe un equilibrio único:las leyes permiten orden, pero no eliminan el misterio. El universo está lo suficientemente regulado para permitir la comprensión, pero lo suficientemente profundo para exigir preguntas.

Einstein lo expresó mejor que nadie: **"Lo más incomprensible del universo es que sea comprensible."**

Y en esa paradoja se esconde el sentido ontológico de las leyes: no están allí para explicarlo todo, sino para permitir que existan seres capaces de buscar explicaciones.

Conjetura radical: el universo quiere ser entendido

Esta conjetura, por atrevida que parezca, no es mística: es una lectura interpretativa del hecho de que las leyes del cosmos parecen optimizadas para la cognoscibilidad.

Si la gravedad fuera más fuerte, las estrellas vivirían demasiado poco. Si la fuerza débil fuera más débil, no existiría el carbono. Si la constante cosmológica fuera ligeramente mayor, las galaxias no se formarían. Si la velocidad de la luz fuera distinta, la estructura de la información sería imposible.

Es como si el universo hubiese establecido restricciones para garantizar que su estructura pueda ser percibida, estudiada y preguntada.

No es que el universo sea un ser consciente que "desea" ser conocido.

Es que su arquitectura interna favorece la aparición de entidades que lo conozcan.

Como dijo Wheeler: **"El universo no solo es extraño: es participativo."** Y participar implica conocer. Y conocer implica preguntar.

Las leyes como la primera pregunta Tal vez hemos entendido todo al revés. Quizás las leyes no son respuestas, sino preguntas preexistentes. Quizás la estructura del universo es un enigma encarnado en ecuaciones. Quizás la física es el rastro fósil de un interrogante cósmico primordial.

El universo nos invita a preguntarlo porque él mismo es pregunta.

Y lo hace mediante restricciones: límites que delinean el escenario, constantes que fijan el ritmo, fuerzas que sostienen la trama.La conciencia no es una intrusa: es la continuación de ese gesto.

Preguntar no es un acto humano: es un acto cósmico que se expresa a través de nosotros. **Y así, cada vez que decimos "¿por qué?", recordamos - quizás sin saberlo - la intención primordial del universo: crear las condiciones para que la pregunta exista.**

Capítulo 5

La vida extraterrestre es inevitable, pero la curiosidad es rara

Existe una chispa que antecede a la inteligencia, pero no la garantiza; un motor silencioso que la biología, en la mayor parte de los mundos, jamás llega a encender. Es la capacidad de preguntarse. No de reaccionar. No de adaptarse. No de evolucionar. Preguntarse.

El universo está lleno de vida, pero casi vacío de preguntas. Esta es la paradoja más profunda de la existencia.

Carl Sagan afirmó que la vida es el modo del cosmos de conocerse a sí mismo. Pero olvidó añadir que ese modo es extraordinariamente infrecuente. La vida simple se repite como un acorde básico en una melodía inmensa; la vida compleja aparece como una variación rara; la vida consciente es un solo improvisado improbable; la vida que pregunta - la vida que se interroga sobre su origen, su propósito, su final - es un instante fugaz, un destello en la superficie de la eternidad.

Y sin embargo, ese destello puede transformar el significado del universo entero.

La inevitabilidad estadística de la vida

La vida aparece porque el universo, en su estructura más íntima, tiende a organizarse. Desde las ecuaciones de Boltzmann hasta los modelos modernos de química prebiótica, todo indica que la complejidad surge cuando la energía fluye a través de sistemas capaces de retener información.

El universo primitivo fue un laboratorio gigantesco. Materia, radiación y tiempo conspiraron para que los átomos más simples - hidrógeno y helio - se convirtieran en los ladrillos de carbono, oxígeno y nitrógeno. La vida, basada en carbono, no es un accidente: es una consecuencia directa de la abundancia y las propiedades de ese átomo extraordinario. Un átomo con cuatro enlaces posibles, versátil, fértil, casi poético.

En otras palabras: si el universo conoce suficientes amaneceres, la biología amanecerá.

Y así lo vemos hoy: en océanos subterráneos, atmósferas exoplanetarias, posibles bioseñales químicas, firmas térmicas de actividad metabólica. La vida simple parece inevitable. Como escribió John Wheeler, ***"el universo es un generador de información."*** Y la vida es quizás su algoritmo más eficiente.

Nadie debería sorprenderse si encontramos bacterias en mundos helados, microbios en nubes venusinas, química prebiótica avanzada en exoplanetas templados. Sería más extraño encontrarnos verdaderamente solos. La vida es un ciclo natural del cosmos. La curiosidad no.

La pirámide de la complejidad biológica

Podemos visualizar el desarrollo de la vida extraterrestre como una pirámide gigantesca, cuya base ocupa casi todo el ancho del universo observable:

-Base: vida simple, abundante, inevitable

La mayor parte de la vida será bacteriana. Microrregiones químicas capaces de auto-replicación mínima. Sistemas sin cerebro, sin cultura, sin pregunta.

-Cuerpo intermedio: vida compleja, plausible, finita

Miles de mundos tendrán formas de vida multicelular: análogos a plantas, animales, fungoides, mecanismos biológicos adaptados a condiciones atmosféricas y gravitacionales diversas. Ecosistemas completos que jamás sabrán que existen.

-Cúspide: conciencia técnica

Muy pocas especies desarrollarán sistemas nerviosos complejos capaces de abstracción. Miles de millones de mundos serán fértiles; quizá solo miles alberguen mentes.

-Pináculo: conciencia interrogativa

Y aquí ocurre el milagro: solo un puñado entre miles de millones dará el salto hacia el misterio. El salto hacia la pregunta. El salto hacia la metafísica. Es en ese pináculo donde aparece la vida que no solo mira, sino que *observa*. No solo registra, sino que *interpreta*. No solo sobrevive, sino que *piensa*. No solo piensa, sino que *se pregunta* por la razón última de su existencia.

Si hay otras especies que se cuestionan, su número es minúsculo. Quizá cientos en toda la galaxia. Quizá menos. Quizá ninguna coincidió aún con nosotros. La pirámide es inmensa. El vértice, infinitesimal.

La emergencia rarísima de la curiosidad

La curiosidad no es adaptativa en sí misma. Consumió energía en nuestros ancestros primates, desvió recursos cognitivos hacia fines no utilitarios, demoró decisiones vitales. La pregunta "¿por qué?" no sirve para alimentarse ni huir. Es un lujo. Y, sin embargo, el universo encontró la manera de producir una especie que la formula.

Konrad Lorenz escribió que la curiosidad es "la pasión que mueve al conocimiento", pero quizá es más profundo aún: la curiosidad es la pasión que mueve al ser. Una especie curiosa transforma la materia en símbolo, los símbolos en conocimiento y el conocimiento en autoconciencia.

Esa transformación es tan improbable que quizá solo ocurre cuando un planeta se alinea con decenas de condiciones simultáneas:

- **una tectónica de placas moderada**
- **un campo magnético protector;**
- **océanos estables por miles de millones de años;**
- **ciclos biogeoquímicos autorregulados;**
- **impactos catastróficos no demasiado frecuentes;**
- **una luna grande que estabiliza el eje;**
- **una ventana climática prolongada;**
- **una presión evolutiva que impulsa complejidad neurológica;**
- **una cultura social que preserva la colaboración.**

La curiosidad es la flor más rara del jardín cósmico.Y florece solo si el clima evolutivo lo permite. Por eso, aunque la vida abunde, la mente que se pregunta es excepcional. Por eso, aunque los mundos estén llenos, las voces están casi todas en silencio.

La metáfora del champagne cósmico

Imagina ahora la copa llena de un exquisito champagne. Una copa inmensa, suspendida en la nada, llena de un líquido transparente y vibrante: el océano cuántico fluctuante del espacio-tiempo. Cada burbuja que nace es un mundo, una biología, una historia que comienza sin saber que lo hace. La mayoría de las burbujas son tan pequeñas que nadie las ve. Son bacterias que viven un segundo, una era, una eternidad microscópica.

Otras burbujas crecen, ascienden, se hacen más complejas: ecosistemas enteros burbujeando hacia la superficie metafísica de la existencia.

Y luego hay burbujas rarísimas, casi míticas, que ascienden con una luminosidad interna particular: son civilizaciones que despiertan, escriben, cantan, construyen, calculan, observan las estrellas y se preguntan por la razón profunda de su estar.

Pero todas las burbujas - incluso las mayores- se disuelven. La copa sigue

efervescente, indiferente. La vida apareceen oleadas, en silencios, en patrones caóticos. Nace y desaparece sin que otras

burbujas sepan que existió.

La metáfora es simple y brutal: la vida es común,la conciencia es rara, la curiosidad es casi inexistente, la coincidencia entre dos burbujasinteligentes es estadísticamente ínfima. No estamos solos biológicamente. Estamos solos circunstancialmente. Y esa soledad es el motor de nuestras preguntas

El silencio del cielo y la paradoja de Fermi

La llamada paradoja de Fermi no surge de la ignorancia, sino del exceso de inferencia. Formulada informalmente en 1950 a partir de una conversación entre Enrico Fermi y sus colegas, la pregunta "¿dónde están todos?" cristalizó una tensión profunda entre dos intuiciones aparentemente incompatibles: por un lado, la vastedad del universo y la enorme cantidad de estrellas; por otro, la ausencia total de evidencia empírica de civilizaciones tecnológicas no humanas. Durante décadas, esta tensión fue interpretada como un enigma inquietante, cuando en realidad refleja una extrapolación apresurada de supuestos antropocéntricos.

El argumento clásico que alimenta la paradoja se apoya en una cadena de razonamientos lineales: si hay miles de millones de estrellas, muchas con planetas; si una fracción de esos planetas es habitable; si la vida surge con relativa facilidad; y si la inteligencia tecnológica es una consecuencia natural de la evolución, entonces la galaxia debería estar poblada por civilizaciones avanzadas, algunas de las cuales deberían haber dejado huellas detectables o incluso haber colonizado grandes regiones del espacio. La ausencia de tales huellas parecería, entonces, contradictoria

Sin embargo, los últimos cincuenta años de avances científicos han erosionado progresivamente cada uno de estos supuestos. La paradoja de Fermi no ha sido "resuelta", pero sí profundamente reformulada. Hoy entendemos que el error no reside en los datos observacionales, sino en la estructura del razonamiento que conecta esos datos.

El primer gran cambio conceptual provino de la astrofísica planetaria. Desde la década de 1990, el descubrimiento de exoplanetas ha confirmado que los planetas son comunes, y que muchos se encuentran en zonas potencialmente habitables. Este hallazgo, lejos de intensificar la paradoja, la complejiza. La habitabilidad orbital no garantiza estabilidad climática, ni geológica, ni química a largo plazo. La Tierra no es simplemente un planeta en la zona correcta; es el resultado de una secuencia altamente contingente de procesos acoplados durante miles de millones de años.

Un segundo ajuste fundamental proviene de la biología evolutiva. La vida compleja no parece ser una consecuencia inevitable de la vida simple.

Durante la mayor parte de la historia terrestre, la vida permaneció en estados unicelulares. La transición hacia organismos multicelulares, y más aún hacia inteligencia simbólica y técnica, implicó cuellos de botella evolutivos severos. Esto debilita de manera decisiva la suposición de que la inteligencia tecnológica sea un destino común.

A partir de estas consideraciones emerge el concepto del **Gran Filtro**, desarrollado en la segunda mitad del siglo XX. Este filtro representa una o varias etapas extremadamente improbables en la transición desde materia inerte hasta civilizaciones tecnológicas duraderas. El silencio del cielo puede interpretarse como evidencia de que el filtro es real y severo, aunque no sepamos si se encuentra detrás de nosotros - lo cual sería alentador - o por delante - lo cual sería inquietante.

Un tercer avance conceptual clave ha sido la incorporación de la teoría de sistemas complejos y la termodinámica fuera del equilibrio. Las civilizaciones no son entidades que escalen indefinidamente; son sistemas frágiles que requieren energía, estabilidad y coordinación.

La expansión no es una ley natural, sino una opción contingente, costosa y potencialmente autolimitante. La idea de que toda inteligencia avanzada colonizará la galaxia refleja más los imaginarios del siglo XX que las restricciones físicas reales.

Asimismo, SETI ha refinado su propio marco metodológico. Las búsquedas tempranas asumían emisiones potentes, omnidireccionales y persistentes. Hoy comprendemos que estas características describen una fase tecnológica breve y primitiva. Las civilizaciones avanzadas, si existen, probablemente minimicen su huella energética, empleen comunicaciones dirigidas o migren hacia formas de procesamiento interno difícilmente detectables. El silencio, en este contexto, es una consecuencia esperable de la eficiencia, no de la ausencia.

Desde la cosmología, otro factor decisivo es la asincronía temporal. El universo no ofrece simultaneidad. Las civilizaciones, al igual que las estrellas, nacen y mueren en épocas distintas. La probabilidad de que dos especies tecnológicas coincidan no solo en el espacio, sino en una ventana temporal compartida, es extremadamente baja. La paradoja de Fermi presupone contemporaneidad; el cosmos no la garantiza.

En este sentido, el silencio del cielo deja de ser una anomalía para convertirse en un dato estructural. No escuchamos porque el universo no está diseñado para diálogos prolongados entre inteligencias separadas por años luz y millones de años. La ausencia de señales no falsifica la hipótesis de vida inteligente; falsifica la expectativa de visibilidad permanente.

Cincuenta años de descubrimientos no han reforzado la paradoja: la han desmantelado como paradoja. Hoy entendemos que extrapolar la historia humana al conjunto del cosmos es metodológicamente débil. La inteligencia no es necesariamente expansiva, ruidosa ni colonizadora. Puede ser efímera, localizada, silenciosa o profundamente distinta de nuestras categorías.

Así, el silencio del cielo no es un vacío ontológico, sino un espejo epistemológico. Nos revela menos sobre lo que hay ahí fuera que sobre las suposiciones con las que miramos. La paradoja de Fermi persiste solo si insistimos en proyectar nuestros deseos, miedos y narrativas sobre un universo que opera bajo leyes más amplias, más frías y, paradójicamente, más fértiles de lo que nuestra imaginación inicial permitió concebir.

5.1. La brevedad temporal de cualquier civilización

Desde una perspectiva cosmológica, la civilización tecnológica no es un estado estable del universo, sino un episodio transitorio. La historia cósmica, medida en miles de millones de años, convierte incluso las culturas más longevas en eventos fugaces. Esta desproporción temporal no es un detalle menor; es, probablemente, uno de los factores más decisivos para comprender el silencio del cielo.

El universo tiene aproximadamente 13.800 millones de años. Nuestra galaxia, más de 10.000 millones. En contraste, la totalidad de la historia humana registrada ocupa apenas unos pocos milenios, y la fase tecnológica - aquella en la que una civilización emite señales potencialmente detectables al espacio - no supera, hasta ahora, poco más de un siglo. Incluso si proyectamos generosamente y asumimos que una civilización puede sostener una fase tecnológica durante diez mil o cien mil años, ese intervalo sigue siendo insignificante frente a las escalas galácticas. En términos cosmológicos, una civilización es un destello: aparece, brilla brevemente y se extingue o se transforma.

Este carácter efímero no debe interpretarse necesariamente como una condena al colapso. Puede ser el resultado natural de la evolución. La tecnología, entendida como la externalización del control energético y simbólico, puede ser una fase intermedia, no un destino final. Desde este punto de vista, la civilización tecnológica no representa la culminación de la inteligencia, sino un momento inestable en su desarrollo: altamente creativo, pero también altamente vulnerable.

La astrofísica refuerza esta visión. Los entornos planetarios están sujetos a procesos que operan en escalas de tiempo mucho más largas que las sociedades. Cambios estelares, impactos, variaciones orbitales, ciclos climáticos y eventos de radiación pueden alterar de forma irreversible las condiciones de habitabilidad. Una civilización debe navegar no solo sus crisis internas, sino también un entorno cósmico que no se adapta a sus necesidades. La estabilidad prolongada es la excepción, no la regla.

A esta fragilidad externa se suma una fragilidad interna. Toda civilización tecnológica incrementa rápidamente su capacidad de alterar su entorno. Este poder conlleva riesgos sistémicos: degradación ecológica, armamento de destrucción masiva, colapsos económicos y tensiones sociales. La historia humana, aun en su brevedad, ofrece múltiples ejemplos de cómo el progreso técnico puede superar la madurez ética y organizacional necesaria para sostenerlo. No hay razón científica para suponer que otras civilizaciones estarían exentas de estas tensiones.

Desde un punto de vista probabilístico, este panorama reduce drásticamente la posibilidad de coincidencia temporal. Para que dos civilizaciones tecnológicas se detecten mutuamente, deben cumplirse múltiples condiciones simultáneas: ambas deben existir al mismo tiempo, encontrarse en una fase comunicativa activa, utilizar tecnologías compatibles y estar separadas por una distancia tal que las señales puedan viajar antes de que cualquiera de las dos deje de existir o cambie de estado. Cada uno de estos requisitos reduce el espacio de posibilidades; combinados, lo vuelven extremadamente estrecho.

Aquí la paradoja de Fermi comienza a perder su carácter paradójico. No hay contradicción entre un universo potencialmente fértil en vida y la ausencia de señales contemporáneas. La mayoría de las civilizaciones, si existen, habrán vivido y desaparecido sin testigos. Otras existirán en futuros lejanos, cuando nuestra propia especie ya no esté presente para escucharlas. El cosmos no está vacío; está desfasado.

Esta idea encuentra resonancia en la filosofía del tiempo. Desde Heráclito hasta Heidegger, el devenir ha sido entendido como una condición fundamental de la existencia. Nada permanece; todo acontece. Aplicada al cosmos, esta intuición sugiere que la inteligencia no se distribuye como objetos estáticos en el espacio, sino como procesos temporales que emergen y se disuelven. Buscar civilizaciones es, en cierto sentido, buscar eventos pasados o futuros, no entidades presentes.

Incluso si una civilización logra superar sus crisis iniciales, no es evidente que mantenga indefinidamente una fase detectable. La eficiencia tecnológica tiende a reducir emisiones no intencionales. La comunicación puede volverse más dirigida, más interna o más abstracta. La inteligencia puede replegarse hacia formas de existencia menos visibles, menos ruidosas desde el punto de vista astrofísico. La longevidad, paradójicamente, puede implicar silencio.

Desde esta perspectiva, nuestra propia situación adquiere un carácter singular. Somos una civilización joven, ruidosa, recientemente capaz de emitir señales al espacio y, al mismo tiempo, obsesionada con la posibilidad de no estar sola. Esta coincidencia puede no ser representativa, sino excepcional. Es posible que estemos viviendo una fase rara del cosmos: aquella en la que una especie comienza a preguntarse por otras, justo antes de comprender cuán breve es su ventana de audición.

Poéticamente, podría decirse que el universo está lleno de civilizaciones como está lleno de relámpagos: aparecen en distintos lugares, iluminan fugazmente la oscuridad y desaparecen sin dejar rastro duradero. Pretender que dos relámpagos se crucen y se reconozcan mutuamente es exigirle al tiempo una sincronía que no le es propia.

Así, la brevedad temporal de cualquier civilización no es una anomalía a explicar, sino una consecuencia natural de un universo en evolución. El silencio del cielo no señala una ausencia de vida o de inteligencia, sino la profunda desproporción entre nuestras expectativas humanas y las escalas reales del cosmos. Casi siempre, inevitablemente, llegamos demasiado temprano o demasiado tarde.

5.2. La vastedad interestelar

La vastedad interestelar no es únicamente una cuestión de escala; es una propiedad estructural del universo que condiciona de manera profunda toda posibilidad de encuentro entre inteligencias. Las distancias entre estrellas, medidas en años luz, no representan solo una dificultad técnica, sino una barrera física fundamental que define el régimen causal del cosmos. En este sentido, el espacio interestelar no es un vacío pasivo, sino un medio activo que diluye, retrasa y fragmenta cualquier intento de comunicación.

En nuestra vecindad galáctica inmediata, las estrellas más cercanas se encuentran a varios años luz de distancia. A escalas mayores, las separaciones promedio dentro del disco galáctico alcanzan decenas o cientos de años luz. Esta arquitectura dispersa implica que incluso una señal electromagnética, viajando a la velocidad máxima permitida por la relatividad, debe atravesar períodos de tiempo comparables o superiores a la duración histórica de las civilizaciones tecnológicas. La comunicación interestelar, por tanto, no es un intercambio dinámico, sino un acto profundamente asincrónico.

Desde un punto de vista físico, la propagación de señales enfrenta además múltiples mecanismos de degradación. El medio interestelar no es completamente vacío: contiene plasma, campos magnéticos, polvo y radiación de fondo. Estos elementos introducen dispersión, absorción y ruido, especialmente en ciertas bandas del espectro electromagnético. Una señal emitida con claridad local puede llegar debilitada, distorsionada o irreconocible tras cruzar grandes distancias galácticas. La inteligibilidad no se conserva automáticamente; debe ser activamente diseñada y sostenida contra un entorno hostil.

Este hecho introduce una paradoja metodológica para proyectos como SETI. Cuanto más potente y amplia es una señal, mayor es su costo energético y mayor su exposición a detección no deseada. Cuanto más eficiente y dirigida es, menor su probabilidad de ser interceptada por observadores aleatorios. La vastedad interestelar, en este sentido, no solo separa físicamente a las inteligencias, sino que selecciona en contra de cualquier forma de comunicación abierta y persistente.

Desde una perspectiva cosmológica, esta separación adquiere un carácter casi ontológico. El universo favorece la localización. Las interacciones significativas ocurren en escalas cercanas; más allá de ellas, la causalidad se debilita hasta volverse estadística. Las estrellas forman sistemas, las galaxias forman cúmulos, pero incluso estos agrupamientos existen separados por vacíos inmensos. La estructura a gran escala del universo refuerza el aislamiento como condición dominante.

Poéticamente, podría decirse que el cosmos está escrito en dialectos locales. Cada sistema estelar es una frase aislada, pronunciada en voz baja dentro de una biblioteca inmensa. No es que falten palabras, sino que el espacio entre las páginas es demasiado grande para que el sentido viaje intacto.

Desde esta óptica, el silencio deja de ser inquietante. No es un vacío de inteligencia, sino una consecuencia natural de la geometría del universo. La vastedad interestelar no impide la existencia de otras mentes; simplemente asegura que, aun existiendo, permanezcan efectivamente solas. El aislamiento no es una falla del cosmos, sino una de sus propiedades más profundas.

5.3. La escasa coincidencia de épocas

Uno de los supuestos menos examinados, pero más decisivos, en la discusión sobre inteligencia extraterrestre es la noción implícita de contemporaneidad. Tendemos a imaginar el universo como un escenario donde múltiples civilizaciones existen simultáneamente, esperando ser detectadas unas por otras. Sin embargo, esta imagen contradice de manera directa lo que sabemos sobre la historia cósmica. El universo no está sincronizado. Su evolución ocurre en capas temporales superpuestas, profundamente asincrónicas, donde los eventos relevantes para la vida y la inteligencia se distribuyen de forma irregular a lo largo de miles de millones de años.

Desde la astrofísica estelar sabemos que las estrellas nacen en generaciones, condicionadas por la metalicidad del medio interestelar. Las primeras estrellas, formadas poco después del Big Bang, carecían de los elementos pesados necesarios para la formación de planetas rocosos y, por extensión, para la química compleja asociada a la vida. Solo tras múltiples ciclos de nucleosíntesis y supernovas el universo se volvió químicamente hospitalario. Esto implica que incluso los planetas potencialmente habitables no aparecen de manera uniforme en el tiempo cósmico, sino dentro de ventanas históricas específicas.

Aun cuando un planeta se forma en una zona habitable, la estabilización de sus condiciones físicas requiere escalas temporales prolongadas. La evolución orbital, la actividad geológica, la formación de océanos y atmósferas, y la mitigación de impactos catastróficos son procesos que pueden tardar cientos de millones de años. La vida, si emerge, lo hace bajo contingencias locales extremadamente sensibles. No existe una trayectoria evolutiva predeterminada, sino un abanico de posibilidades moldeadas por azar y selección natural.

La emergencia de inteligencia tecnológica añade otra capa de asincronía. En la Tierra, la vida existió durante más de tres mil millones de años antes de que surgiera una especie capaz de desarrollar tecnología avanzada. Este retraso no es trivial; sugiere que la inteligencia no es una consecuencia inmediata ni necesaria de la vida compleja. Extrapolado al conjunto de la galaxia, este hecho introduce una dispersión temporal enorme en la aparición de civilizaciones tecnológicas.

La probabilidad de que dos especies inteligentes no solo emerjan, sino que además lo hagan en períodos temporales superpuestos, manteniendo simultáneamente una fase tecnológica activa y comunicativa, es extraordinariamente baja. Incluso una superposición de algunos miles de años - irrelevante en escalas cosmológicas - requiere una coincidencia casi fortuita. La mayoría de las civilizaciones, si existen, estarían separadas no por distancia espacial, sino por **abismos temporales.**

Este marco temporal disuelve gran parte de la llamada paradoja de Fermi. No hay contradicción entre un universo vasto y antiguo y la ausencia de detecciones contemporáneas. Buscamos interlocutores actuales en un cosmos donde la norma es la desincronización. La pregunta "¿dónde están todos?" presupone que "todos" deberían estar aquí y ahora, una expectativa que carece de fundamento cosmológico.

Desde una perspectiva observacional, esta asincronía implica que cualquier señal que detectemos será, casi con certeza, un vestigio del pasado. La comunicación interestelar no es un diálogo, sino una forma de arqueología cósmica. Detectar una señal no significaría establecer contacto, sino descubrir que alguien estuvo allí en otro tiempo. La ausencia de tales vestigios hasta ahora sugiere que incluso esas superposiciones indirectas son raras.

Comprender la escasa coincidencia de épocas nos obliga a reformular nuestras expectativas. El universo no es un foro simultáneo de inteligencias, sino un archivo profundo de historias que rara vez se solapan. En este contexto, el silencio no es una anomalía, sino la consecuencia natural de un cosmos donde la inteligencia emerge de forma dispersa, efímera y profundamente desfasada en el tiempo.

5.4. La entropía creciente de los sistemas complejos

Toda civilización tecnológica es, desde el punto de vista físico, un sistema complejo lejos del equilibrio. Su existencia depende de la capacidad de sostener flujos constantes de energía, información y organización frente a una tendencia universal hacia la entropía. Esta condición no es una metáfora cultural, sino una consecuencia directa de la segunda ley de la termodinámica: mantener orden requiere trabajo, y ese trabajo tiene un costo creciente a medida que el sistema se vuelve más complejo.

En sus etapas iniciales, una civilización puede expandir su complejidad con relativa facilidad. La abundancia energética, la simplicidad estructural y la baja interdependencia permiten absorber perturbaciones sin colapsar. Sin embargo, a medida que la civilización crece - en población, infraestructura, tecnología y redes simbólicas - también aumenta su fragilidad. Cada capa adicional de complejidad introduce nuevos puntos de falla, nuevas dependencias y mayores requerimientos de coordinación.

Desde la termodinámica, este fenómeno puede describirse como un incremento en la tasa de disipación necesaria para sostener el orden. Las ciudades, las redes eléctricas, los sistemas de comunicación y las instituciones sociales funcionan como estructuras disipativas: existen solo mientras pueden procesar energía y exportar entropía al entorno. Cuando esa capacidad se ve comprometida - por agotamiento de recursos, inestabilidad climática o pérdida de control sistémico -, el colapso deja de ser una posibilidad remota y se convierte en una transición dinámica probable.

Este marco físico encuentra un paralelo notable en la sociología y en la teoría de sistemas. Las sociedades complejas requieren no solo energía, sino también **cohesión simbólica:** narrativas compartidas, instituciones legítimas y mecanismos de resolución de conflictos. A medida que la complejidad aumenta, mantener ese consenso se vuelve más difícil. La fragmentación social, la polarización y la pérdida de sentido colectivo no son anomalías históricas, sino síntomas recurrentes de sistemas que se aproximan a sus límites de sostenibilidad.

Desde esta perspectiva, la autodestrucción no es el único destino posible, pero sí una trayectoria frecuente. Muchas civilizaciones pueden optar - consciente o inconscientemente - por **reducir su complejidad** antes de alcanzar una fase expansiva o comunicativa prolongada. Esta reducción puede tomar la forma de colapsos parciales, reorganizaciones profundas o regresiones tecnológicas. En todos los casos, el resultado es el mismo: la interrupción de cualquier intento sostenido de interacción interestelar.

Para la astrobiología y SETI, esta dinámica tiene consecuencias directas. No basta con que una civilización emerja; debe además superar repetidamente crisis internas de creciente magnitud. Cada crisis actúa como un filtro adicional. La probabilidad de que una civilización mantenga simultáneamente estabilidad ecológica, cohesión social y capacidad tecnológica durante escalas de tiempo cosmológicamente relevantes es, por tanto, extremadamente baja.

Este enfoque también relativiza la noción de progreso lineal. La complejidad no garantiza supervivencia; a menudo la compromete. Desde el punto de vista del universo, una civilización tecnológica no es un estado final, sino una fase transitoria en la evolución de la materia organizada. El silencio cósmico puede ser, en última instancia, el registro acumulado de innumerables intentos fallidos por sostener orden frente a la entropía.

Así, la entropía creciente de los sistemas complejos no solo explica la fragilidad de las civilizaciones, sino que aporta una clave esencial para comprender por qué el cosmos, aun siendo fértil en posibilidades, puede permanecer callado.

5.5. El silencio deja de ser un misterio y se vuelve un dato

Cuando se integran de manera sistemática los factores discutidos previamente - escala temporal, vastedad espacial, límites energéticos, evolución tecnológica y asincronía civilizatoria - el silencio cósmico deja de ser un enigma perturbador y se transforma en un resultado observacional coherente. En otras palabras, el silencio no es una ausencia inexplicable, sino un dato estadístico compatible con un universo donde la vida puede ser relativamente común, mientras que la inteligencia tecnológica estable y detectable es extraordinariamente rara.

En ciencia, la no-detección persistente no constituye un fracaso metodológico; constituye información. La historia de la física está marcada por casos en los que la ausencia de una señal esperada obligó a reformular teorías fundamentales. El experimento de Michelson-Morley no "fracasó" al no detectar el éter; su resultado negativo fue el dato que abrió el camino a la relatividad especial. De modo análogo, la ausencia sostenida de señales tecnológicas extraterrestres debe ser tratada no como decepción, sino como restricción empírica sobre los modelos de distribución de inteligencia en la galaxia.

Desde un enfoque cuantitativo, el silencio impone límites superiores a la densidad de civilizaciones tecnológicas activas. Cada campaña de observación, cada mejora instrumental que no produce detecciones, reduce el espacio de hipótesis plausibles. La ecuación de Drake, a menudo criticada por su carácter especulativo, adquiere aquí una función clara: no como herramienta predictiva, sino como marco para incorporar límites observacionales. El silencio no invalida la ecuación; la constriñe.

Este cambio de perspectiva es crucial. Durante décadas, la paradoja de Fermi fue formulada como una contradicción: si el universo es grande y antiguo, ¿dónde están todos? Pero esta formulación presupone que la inteligencia tecnológica es un resultado típico de la evolución cósmica. Al abandonar esa presuposición, la paradoja se disuelve. El silencio no contradice los datos astrofísicos; contradice nuestras expectativas iniciales, muchas de ellas derivadas de una extrapolación ingenua de la experiencia humana.

Además, el silencio observado es estructural, no local. No se trata de una región específica del cielo sin señales, sino de una ausencia sistemática en múltiples bandas, escalas y estrategias de búsqueda. Este carácter global refuerza su valor como dato. Si el universo estuviera poblado por civilizaciones emisoras activas, incluso con una densidad modesta, alguna anomalía estadísticamente significativa debería haber emergido. El hecho de que no lo haya hecho es informativo.

Desde el punto de vista de la astrobiología, este dato sugiere una asimetría fundamental: la vida puede emerger con relativa facilidad, pero sostener una inteligencia tecnológica a largo plazo es extremadamente difícil. Las razones pueden ser múltiples - autolimitación energética, colapsos ecológicos, transición a modos no emisivos, o simples límites evolutivos - pero el resultado observacional converge en el mismo punto: la visibilidad tecnológica es efímera.

Este enfoque también invita a una revisión epistemológica. En cosmología, estamos acostumbrados a inferir estructuras invisibles a partir de efectos indirectos: materia oscura, energía oscura, inflación. Nadie observa directamente estos componentes, pero su ausencia haría el universo incomprensible. De manera análoga, el silencio cósmico puede ser entendido como un efecto observable de procesos no directamente accesibles: dinámicas civilizatorias, límites termodinámicos y trayectorias evolutivas complejas.

Aceptar el silencio como dato no implica renunciar a la búsqueda. Implica refinarla. Nos obliga a abandonar modelos simplistas de comunicación interestelar y a explorar firmas más sutiles, indirectas o transitorias. También nos invita a aceptar que el universo no está obligado a ser comunicativo, ni a satisfacer nuestras expectativas narrativas.

En última instancia, el silencio del cielo no es un vacío de significado, sino una frontera cognitiva. Nos informa sobre los límites de la inteligencia observable y, por contraste, sobre la fragilidad de nuestra propia condición tecnológica. En lugar de preguntarnos por qué no escuchamos a otros, el dato del silencio nos devuelve una pregunta más profunda: ¿cuán excepcional y transitoria es la voz que hoy creemos oír en nosotros mismos?

5.6. Quizá no escuchamos voces porque nadie está emitiendo

Una de las premisas implícitas en la búsqueda de inteligencia extraterrestre es que las civilizaciones tecnológicas tienden a emitir señales detectables al espacio de manera sostenida. Sin embargo, esta suposición se debilita cuando se la examina desde una perspectiva evolutiva y tecnológica. Emitir señales potentes de forma omnidireccional no es una condición estable, sino una **fase transitoria** en el desarrollo de cualquier sistema comunicacional avanzado.

Nuestra propia historia tecnológica es ilustrativa. Durante apenas un siglo, la humanidad inundó el espacio cercano con emisiones de radio y televisión no dirigidas, fácilmente detectables a grandes distancias. Sin embargo, esta etapa fue breve. El progreso tecnológico condujo rápidamente hacia sistemas más eficientes: comunicaciones por cable, fibras ópticas, enlaces satelitales altamente direccionados, compresión de datos y, más recientemente, transmisión cuántica experimental. Cada avance redujo la cantidad de energía desperdiciada y, con ello, la huella electromagnética involuntaria de nuestra civilización.

Desde un punto de vista termodinámico, irradiar energía sin control es ineficiente. Toda civilización que aspire a estabilidad a largo plazo debe optimizar el uso de recursos, minimizar pérdidas y reducir riesgos. Emitir señales potentes al espacio profundo no solo es costoso, sino también potencialmente peligroso. Revela la existencia, localización y características tecnológicas de la civilización emisora a cualquier observador externo, benevolente o no. En términos evolutivos, la selección favorecería rápidamente estrategias comunicacionales más discretas.

Esta lógica no requiere asumir escenarios de amenaza externa; basta con aceptar que la eficiencia es un principio universal. A medida que una civilización progresa, aprende a **comunicarse más con menos**, a concentrar información en canales cerrados y a eliminar emisiones redundantes. El resultado es una transición desde una fase "ruidosa" hacia una fase silenciosa, casi invisible desde el exterior.

Desde esta perspectiva, SETI podría estar buscando una señal que ya no se emite. No porque nunca haya existido, sino porque su duración fue extremadamente corta en términos cosmológicos. Si la ventana de emisión detectable dura apenas unos siglos, la probabilidad de coincidencia temporal con otra civilización es mínima. El silencio observado no sería entonces una anomalía, sino una consecuencia estadística previsible.

Este razonamiento también redefine nuestra interpretación del progreso tecnológico. La visibilidad externa no es un indicador de avance, sino, en muchos casos, de inmadurez. Las civilizaciones más avanzadas podrían ser precisamente las menos detectables, no por ocultamiento deliberado, sino por haber superado la necesidad de emitir energía al espacio como subproducto de su comunicación interna.

Así, la ausencia de voces no implica la ausencia de inteligencias. Implica que el universo puede estar poblado por civilizaciones que ya han aprendido a hablar en susurros, o incluso a no hablar en absoluto fuera de sus propios dominios. El silencio, lejos de ser un vacío, podría ser el estado final natural de la inteligencia tecnológica madura.

5.7. Quizá otras especies migraron hacia comunicaciones menos energéticas (Hipótesis de Dan Aug: "huellas comunicacionales vía estructuras espacio-temporales")

Una de las suposiciones más persistentes en SETI es que la comunicación interestelar, aun en civilizaciones avanzadas, debe implicar emisiones energéticas detectables: radio, láseres, pulsos electromagnéticos. Sin embargo, esta suposición refleja más nuestras limitaciones tecnológicas actuales que una necesidad física fundamental. Desde mi perspectiva - y aquí introduzco lo que denomino una hipótesis de Dan Aug, conscientemente situada en el límite entre ciencia rigurosa y especulación informada - es plausible que civilizaciones muy avanzadas hayan migrado hacia **modos de comunicación radicalmente distintos,** no solo menos energéticos, sino también menos locales en el sentido clásico del espacio-tiempo.

Desde la física teórica sabemos que el universo permite soluciones matemáticas extraordinarias. La relatividad general admite, al menos formalmente, la existencia de agujeros de gusano: **atajos** topológicos en el espacio-tiempo que conectan regiones distantes sin necesidad de recorrer el trayecto intermedio. Aunque su estabilidad requiere condiciones exóticas - energía negativa, materia con densidades no clásicas - , su posibilidad no está prohibida por las ecuaciones fundamentales. La pregunta relevante no es si nosotros podemos construirlos, sino si una civilización millones de años más avanzada podría haber aprendido a utilizarlos o, al menos, a dejar huellas asociadas a ellos.

Mi hipótesis no sostiene que los agujeros de gusano sean utilizados como "teléfonos cósmicos" en un sentido ingenuo. Propongo algo más sutil: que una civilización avanzada podría emplear **estructuras espacio-temporales** como portadores de información mínima, huellas digitales comunicacionales incrustadas en la geometría misma del universo. No mensajes explícitos, sino firmas: correlaciones anómalas, simetrías no triviales, regularidades topológicas que solo una inteligencia suficientemente desarrollada podría reconocer como no aleatorias.

Desde el punto de vista energético, esto sería óptimo. Emitir radiación al espacio es costoso y ruidoso. En cambio, modificar - o aprovechar - la estructura del espacio-tiempo permite comunicaciones potencialmente persistentes, de bajo consumo energético una vez establecidas, y extraordinariamente difíciles de detectar para civilizaciones inmaduras. La comunicación deja de ser un flujo y se convierte en una **inscripción**.

Aquí es inevitable una referencia cultural que, aunque nacida en la ciencia ficción, anticipó con notable intuición estas ideas. En la *Star Trek* de la década de 1990 - que vi con deleite y asombro intelectual - Gene Roddenberry imaginó "canales subespaciales" que permitían comunicación instantánea a través de vastas distancias galácticas. Por supuesto, el "subespacio" no existe como tal en la física actual. Pero la intuición subyacente es sorprendentemente cercana a conceptos modernos: dimensiones adicionales, geometrías no triviales, conectividad más allá del espacio euclidiano. La ciencia ficción, en este caso, no describía la realidad, pero **exploraba el espacio de lo posible**.

Desde un marco estrictamente científico, debemos ser claros: no hay evidencia empírica de comunicaciones vía agujeros de gusano ni de manipulación tecnológica del espacio-tiempo a gran escala. Sin embargo, tampoco existe evidencia de que una civilización avanzada esté limitada a los canales que hoy consideramos "naturales". La historia de la tecnología humana demuestra que cada salto cognitivo redefine lo que entendemos por medio de comunicación.

Esta hipótesis se alinea con una idea más general: que las civilizaciones avanzadas tienden a **reducir su huella observable**. No por ocultamiento deliberado, sino por eficiencia. La computación interna, las redes cerradas, los estados cuánticos coherentes o incluso procesos aún no conceptualizados por nuestra física podrían reemplazar completamente a las emisiones clásicas. Desde esta perspectiva, la inteligencia no desaparece: se repliega hacia modos cada vez más silenciosos, más integrados, más difíciles de distinguir del fondo del universo.

Para SETI, esta idea es profundamente incómoda. Implica que podríamos estar buscando en el canal equivocado. No porque no haya nadie transmitiendo, sino porque **ya nadie transmite de ese modo**. La ausencia de señales no implica ausencia de mente; implica un cambio de paradigma comunicacional incompatible con nuestros instrumentos y expectativas actuales.

Nuestra hipótesis, la hipotesis de Dan Aug no pide que aceptemos la ciencia ficción como ciencia, sino que reconozcamos su valor heurístico. Nos recuerda que la física permite más posibilidades de las que solemos explorar operacionalmente. Tal vez la comunicación cósmica no sea una señal que viaja, sino una estructura que permanece. Y tal vez, cuando finalmente la detectemos, no la reconoceremos como un mensaje, sino como una anomalía elegante en la arquitectura misma del espacio-tiempo.

En ese caso, la inteligencia extraterrestre no estaría hablándonos. Estaría **dejando su firma en el tejido del universo**, esperando que alguna otra mente, en algún momento, aprenda a leerla.

5.8. Quizá nunca coincidimos en el tiempo (La abscisa temporal y la teoría de Dan Aug)

Existe una intuición profundamente contraintuitiva en astrobiología y SETI: que la distancia más difícil de salvar no es la espacial, sino la temporal. El universo no está diseñado para encuentros. Las galaxias son longevas, las estrellas nacen y mueren en escalas de miles de millones de años, y las civilizaciones - si emergen - lo hacen como episodios breves, casi instantáneos, sobre el eje profundo del tiempo cósmico. Dos inteligencias pueden surgir en la misma galaxia, incluso alrededor de estrellas vecinas, y aun así estar separadas por millones de años sin posibilidad alguna de interacción causal.

Desde este marco propongo lo que denomino **la teoría de la abscisa del tiempo.** En términos matemáticos, compartir el mismo espacio no garantiza compartir la misma coordenada temporal. Para que exista comunicación en tiempo real - o incluso comunicación significativa - no basta con coincidir en el espacio tridimensional; es necesario **habitar el mismo tramo del espacio-tiempo.** La comunicación no ocurre en el vacío, sino sobre una hoja específica del continuo relativista.

La relatividad especial y general nos han enseñado que el tiempo no es un fondo absoluto, sino una dimensión entrelazada con el espacio y afectada por velocidad, gravedad y trayectoria. A escalas cosmológicas, esta realidad adquiere consecuencias drásticas. Una señal enviada desde una civilización extinta hace un millón de años puede estar llegando hoy, pero no hay nadie para responder. La comunicación, en ese caso, es unilateral, arqueológica, no dialógica.

SETI ha operado históricamente bajo una suposición implícita: que existen civilizaciones contemporáneas a nosotros, emitiendo señales detectables en un rango temporal comparable. Sin embargo, esta suposición carece de justificación sólida. Si la fase tecnológica detectable de una civilización dura apenas unos miles de años - o incluso menos - , la probabilidad de superposición temporal se vuelve extraordinariamente baja. La galaxia puede estar repleta de historias inteligentes que nunca coinciden en el mismo presente.

Aquí la metáfora de la biblioteca adquiere precisión física. No se trata solo de libros escritos en estanterías distantes, sino de libros escritos en **épocas diferentes**, en bibliotecas que existen y se desmantelan sin superposición temporal. El problema no es encontrar el libro; es existir al mismo tiempo **que él.**

El universo no es silencioso por vacío, sino por defasaje.

Mi hipótesis sostiene que esta asincronía temporal no es un detalle secundario, sino el factor dominante que explica el silencio cósmico. Incluso si la inteligencia tecnológica fuese relativamente común, la necesidad de compartir la misma abscisa temporal convierte la comunicación bidireccional en un evento excepcional. La paradoja de Fermi, bajo esta luz, deja de ser paradójica y se convierte en una consecuencia estadística inevitable.

Desde un punto de vista científico, esta teoría tiene implicancias operativas claras. Obliga a replantear el objetivo de SETI. En lugar de buscar conversaciones en tiempo real, deberíamos aceptar que lo más probable es detectar registros temporales, huellas fósiles de actividad inteligente: tecnofirmas pasadas, alteraciones duraderas en sistemas estelares, modificaciones orbitales estables, patrones energéticos congelados en el tiempo. **La búsqueda se asemeja más a la arqueología que a la telecomunicación.**

Además, la abscisa del tiempo introduce una asimetría cognitiva profunda. Podemos observar el pasado, pero no el futuro. Toda señal que recibimos es un mensaje desde un ayer que ya no existe. La expectativa de diálogo es, en rigor, una proyección psicológica humana, no una inferencia cosmológica. El universo no garantiza interlocutores; garantiza **causalidad.**

Desde una perspectiva filosófica, esta soledad temporal redefine nuestra posición ontológica. No somos necesariamente los únicos, **pero sí podríamos ser los únicos ahora.**

Esta condición no nos hace centrales, sino responsables. Si la inteligencia emerge raramente y no coincide consigo misma en el tiempo, entonces cada civilización es un evento irrepetible, una oportunidad local para que el universo se piense a sí mismo.

La teoría de la abscisa del tiempo también impone un límite a la noción de progreso acumulativo inter-civilizatorio. No existe una comunidad galáctica continua; existen destellos separados por abismos temporales. La historia del universo no es una conversación, sino una serie de monólogos superpuestos que nunca se escuchan mutuamente.

Y sin embargo, hay una paradoja final. Aunque no compartamos el mismo presente, sí compartimos las mismas leyes. La física es la misma ayer, hoy y mañana. En ese sentido, la única forma de comunicación verdaderamente universal no es el mensaje, sino la **comprensión de la estructura del cosmos**. Quien entiende las leyes entiende algo que atraviesa el tiempo.

Quizá nunca coincidimos en el tiempo. Quizá nunca hubo nadie "ahí afuera" cuando miramos. Pero eso no implica soledad absoluta. Implica que la comunicación cósmica no ocurre en tiempo real, sino en la lenta convergencia de inteligencias separadas por millones de años que, sin conocerse, llegan a las mismas verdades. En esa convergencia silenciosa, el universo encuentra su forma más profunda de diálogo.

5.9. Tecnología indistinguible de la naturaleza

Arthur C. Clarke formuló una de las intuiciones más fértiles del pensamiento científico moderno: **toda tecnología suficientemente avanzada es indistinguible de la naturaleza.** Esta afirmación, a menudo citada de forma anecdótica, encierra una profundidad epistemológica que adquiere pleno peso cuando se la traslada al dominio cosmológico. No se trata simplemente de una observación sobre percepción humana, sino de una advertencia metodológica: nuestros criterios para distinguir lo natural de lo artificial están anclados en un estadio tecnológico específico y, por tanto, son históricamente contingentes.

Desde la astrofísica, definimos los fenómenos naturales como aquellos explicables mediante leyes físicas conocidas o extrapolables. Sin embargo, esta definición es circular: aquello que no reconocemos como artificial lo clasificamos como natural por defecto. La historia de la ciencia está repleta de ejemplos en los que lo "natural" fue redefinido tras ampliar nuestro marco teórico. Las estrellas dejaron de ser luces fijas; las galaxias dejaron de ser nebulosas; el fondo cósmico de microondas pasó de ruido instrumental a reliquia del Big Bang. En cada caso, el límite no era la realidad, sino nuestra comprensión.

Si extrapolamos este principio a escalas cosmológicas y a civilizaciones tecnológicamente muy avanzadas, surge una posibilidad inquietante y científicamente legítima: que ciertos fenómenos que hoy interpretamos como procesos astrofísicos ordinarios puedan incluir componentes de intervención inteligente. No hablo aquí de ingeniería burda o de artefactos visibles, sino de modificaciones que respetan - o incluso optimizan - las leyes físicas locales. Una inteligencia suficientemente avanzada no violaría las leyes del universo; **las** utilizaría como lenguaje**.**

Conceptos como esferas de Dyson, enjambres estelares o ingeniería galáctica han sido discutidos seriamente en la literatura científica. Sin embargo, incluso estos modelos pueden resultar demasiado antropomórficos. Presuponen una fase expansiva, visible, energéticamente ruidosa. Una civilización mucho más avanzada podría operar bajo principios de mínima disipación, máxima eficiencia y profunda integración con el entorno. Su tecnología no destacaría; **se** confundiría**.**

Desde la termodinámica, sabemos que los sistemas complejos tienden a organizar flujos de energía de manera cada vez más eficiente. La vida misma es una estructura disipativa altamente sofisticada. En este sentido, no existe una frontera clara entre biología y tecnología; ambas son formas de organización de la materia lejos del equilibrio. Una civilización avanzada podría, entonces, manifestarse no como una anomalía energética, sino como una optimización extrema de procesos naturales existentes.

Aquí emerge un punto crucial: nuestra incapacidad para detectar tecnología avanzada no es evidencia de su ausencia, sino reflejo de nuestras limitaciones epistemológicas. Detectamos aquello que se desvía de nuestros modelos, no aquello que los perfecciona. Si una intervención inteligente produce resultados estadísticamente coherentes con procesos naturales - pero más estables, más eficientes, más elegantes - tenderemos a clasificarlos como naturaleza "bien comportada".

Este problema no es ajeno a la física teórica. El ajuste fino de las constantes fundamentales del universo ha generado debates intensos: ¿es una necesidad lógica, una selección antrópica, o el resultado de un paisaje multiversal? Rara vez se menciona - por razones comprensibles - la posibilidad de intervención. No porque sea científicamente imposible, sino porque carecemos de herramientas conceptuales para formularla de manera falsable. Sin embargo, el mero hecho de que el universo sea extraordinariamente legible, matemáticamente elegante y estructuralmente fértil ya constituye un dato que merece reflexión.

Desde una perspectiva filosófica, esta indistinción entre tecnología y naturaleza desestabiliza una dicotomía central del pensamiento moderno. Si lo artificial puede integrarse completamente en lo natural, entonces la inteligencia deja de ser un agente externo y se convierte en una fase del proceso cósmico. La tecnología no sería una intrusión en el universo, sino una continuación de su capacidad autoorganizativa.

Este enfoque no requiere postular intenciones cósmicas ni teleologías ocultas. Basta con reconocer que la inteligencia, una vez emergida, puede operar en escalas y modos que escapan a nuestra detección directa. En este sentido, el universo podría estar parcialmente "habitado" por inteligencias cuya presencia solo se manifiesta como estabilidad inusual, simetrías persistentes o coherencias de largo alcance que aún interpretamos como simples hechos brutos.

El riesgo, por supuesto, es caer en una lectura mística o no científica de la realidad. Para evitarlo, es esencial mantener criterios estrictos: no todo orden es señal, no toda elegancia implica intención. Pero también es un error simétrico cerrar prematuramente el marco interpretativo. La ciencia avanza no solo descartando hipótesis falsas, sino ampliando el espacio de lo pensable.

Quizá el mayor legado de la intuición de Clarke no sea la posibilidad de tecnología oculta, sino la llamada a la humildad cognitiva. Nos recuerda que observamos el universo desde una ventana estrecha, con instrumentos limitados y categorías conceptuales provisorias. Lo que hoy llamamos naturaleza puede ser, en parte, el residuo observable de procesos inteligentes que ya no distinguimos como tales.

En última instancia, aceptar que la tecnología avanzada puede ser indistinguible de la naturaleza no implica afirmar que lo sea. Implica reconocer que el silencio del cosmos y su aparente indiferencia pueden ocultar una complejidad mayor de la que nuestros modelos actuales permiten captar. Tal vez el universo no esté vacío de inteligencia, sino lleno de inteligencias que han aprendido a desaparecer en la armonía de las leyes que nosotros recién comenzamos a comprender.

Escuchar hojas esperando árboles (Hipótesis de Dan Aug)

Sospecho que el error final en nuestra búsqueda de inteligencia extraterrestre no es tecnológico, sino epistemológico. Buscamos señales inequívocas, deliberadas, artificiales - el equivalente cósmico de un saludo en radiofrecuencia - cuando quizá la inteligencia avanzada no se expresa mediante mensajes explícitos, **sino a través de estructuras profundas, patrones universales y regularidades matemáticas incrustadas** en los mismos cimientos de la realidad. **"Escuchamos hojas esperando oír árboles",** cuando tal vez el bosque entero ya esté hablando en un lenguaje que aún no sabemos leer.

Desde el punto de vista científico, esta sospecha no es gratuita. La naturaleza, incluso en ausencia de inteligencia, tiende a organizarse siguiendo patrones recurrentes: simetrías rotas, atractores dinámicos, leyes de escala, relaciones logarítmicas. Sin embargo, algunos de estos patrones - la serie de Fibonacci, la proporción áurea, las geometrías fractales, las constantes adimensionales finamente ajustadas - aparecen con una persistencia y una ubicuidad que exceden lo meramente anecdótico. No prueban intención, pero sí **invitan a**

una pregunta legítima: ¿y si ciertos patrones funcionan como **interfaces universales**, comprensibles para cualquier inteligencia que estudie el cosmos con suficiente profundidad?

La serie de Fibonacci es un ejemplo paradigmático. Surge en la filotaxis de las plantas, en la disposición de semillas, en estructuras espirales galácticas, en dinámicas de crecimiento optimizado. No es un código artificial, pero sí una solución matemática recurrente a problemas de eficiencia y estabilidad. Una inteligencia avanzada que quisiera dejar una huella mínima, no invasiva, detectable solo para observadores atentos, podría apoyarse en estos patrones, no como mensajes directos, sino como señales de reconocimiento: marcadores de inteligibilidad compartida.

Lo mismo ocurre con el ADN. Desde la biología molecular sabemos que su estructura responde a principios químicos y evolutivos. Sin embargo, también es un sistema de almacenamiento de información extraordinariamente eficiente, redundante y estable. No afirmo que el ADN sea un mensaje alienígena - eso sería científicamente irresponsable - , pero sí sostengo que el ADN demuestra que la naturaleza puede codificar enormes cantidades de información simbólica en estructuras simples. Si una inteligencia externa quisiera comunicarse a través de medios universales, ¿qué soporte sería más ubicuo que la propia química de la vida?

Extiendo esta lógica a otros patrones fundamentales: la cuantización de la energía, las constantes físicas aparentemente ajustadas con precisión extrema, las simetrías del Modelo Estándar, la geometría del espacio-tiempo descrita por la relatividad general. Cada uno de estos elementos puede interpretarse, con cautela, como **lenguajes mínimos**: no mensajes, sino alfabetos. No dicen "estamos aquí", pero establecen las condiciones para que una inteligencia surja, observe y eventualmente reconozca que el universo es legible.

Mi hipótesis – **"la Hipótesis de Dan Aug"** - no postula una intervención directa ni una ingeniería cósmica clásica. Propone algo más sutil: que una inteligencia suficientemente avanzada no necesita emitir señales activas para comunicarse. Le basta con alinearse con las regularidades profundas del universo, sabiendo que cualquier otra inteligencia que alcance un cierto umbral cognitivo inevitablemente las descubrirá. La comunicación no ocurre en el tiempo corto de un mensaje, sino en el tiempo largo de la comprensión.

Desde la teoría de la información, esta idea no es absurda. Un mensaje óptimo no es necesariamente el más explícito, sino el más robusto frente al ruido. Las transmisiones de radio se degradan, se pierden, se dispersan. En cambio, un patrón matemático inscrito en la estructura del mundo es prácticamente indestructible. No viaja: permanece. No se repite: **se manifiesta** cada vez que la realidad es observada con suficiente resolución.

En este sentido, quizá SETI ha sido demasiado literal. **Buscamos emisiones, cuando deberíamos buscar coherencias improbables.** Buscamos anomalías locales, cuando tal vez la señal es global. Buscamos intencionalidad manifiesta, cuando la inteligencia avanzada podría operar bajo el principio de mínima intervención, dejando solo aquello que parece natural. Aquí resuena la intuición de Arthur C. Clarke: una tecnología suficientemente avanzada es indistinguible de la naturaleza. Yo añadiría: una comunicación suficientemente avanzada es indistinguible de una ley.

Esto no elimina el rigor científico. Al contrario, lo exige.

Nuestra Hipótesis de Dan Aug no pide fe, sino nuevos criterios de detección. No se trata de afirmar que todo patrón es una señal, sino de preguntarnos si existen patrones que cumplan simultáneamente tres condiciones:

- **-universalidad,**
- **-inevitabilidad cognitiva y**
- **-capacidad de ser reconocidos por inteligencias independientes.**

Fibonacci, los números primos, las constantes adimensionales, las estructuras fractales, las leyes de escala biológica, la autoorganización crítica, los atractores extraños, incluso la lógica misma, cumplen parcialmente estas condiciones.

Tal vez la inteligencia externa no "quiere" comunicarse en el sentido humano del término. Tal vez simplemente **confía** en que cualquier mente que emerja en el universo, tarde o temprano, se encontrará con los mismos enigmas, las mismas estructuras, las mismas preguntas. La comunicación no es entonces un acto puntual, sino una convergencia cognitiva.

Por eso, cuando escuchamos hojas esperando árboles, confundimos el nivel del fenómeno. Esperamos voces, cuando quizá lo que existe es **resonancia**. Esperamos mensajes, cuando tal vez hay correspondencias. El silencio no es vacío; es un espacio semántico aún no decodificado.

Si esta hipótesis es correcta - o incluso parcialmente correcta -, entonces la ciencia del futuro deberá ser menos ansiosa por detectar artificios y más atenta a las **formas profundas del orden**. Comprender la inteligencia cósmica no consistirá en recibir un mensaje, sino en reconocer que, al entender el universo, el universo ya estaba, de algún modo, dialogando con nosotros.

Hipótesis observacionales para astrobiología y SETI

Ningún programa científico madura sin hipótesis claras, observables y refutables. La astrobiología contemporánea se encuentra en una etapa comparable a la cosmología previa al fondo cósmico de microondas: rica en modelos, pero aún escasa en datos concluyentes. Para avanzar, es necesario delinear hipótesis que no prometan certezas inmediatas, sino **trayectorias de investigación**. Bajo mi punto de vista las seis hipótesis que siguen no buscan responder definitivamente a la pregunta por la vida y la inteligencia en el universo, sino estructurar el modo en que la investigamos.

Hipótesis1 - Hipótesis de la Biorrepetición Universal

La primera hipótesis sostiene que la vida simple - microbiana, química, metabólica - no es un accidente singular, sino una consecuencia recurrente de la química planetaria bajo condiciones templadas. En este marco, la abiogénesis no sería un evento extraordinariamente raro, sino un proceso estadísticamente favorecido allí donde existan agua líquida, gradientes energéticos y química orgánica compleja.

Desde un punto de vista observacional, esta hipótesis predice que una fracción significativa de los planetas en la zona habitable exhibirá **biofirmas débiles pero consistentes**. No se trata de oxígeno abundante como en la Tierra actual, sino de trazas de O_2 coexistiendo con metano, óxidos de nitrógeno, o desequilibrios químicos sostenidos que no puedan explicarse mediante procesos puramente geológicos. La clave no es un compuesto aislado, sino la persistencia de estados fuera del equilibrio termodinámico.

Instrumentalmente, esta hipótesis es accesible a corto y mediano plazo. El James Webb Space Telescope ya ha iniciado el análisis espectroscópico de atmósferas exoplanetarias. Futuros observatorios como LUVOIR, el Extremely Large Telescope y el Habitable Worlds Observatory permitirán detectar firmas más sutiles y caracterizar superficies, nubes y ciclos estacionales. La confirmación parcial de esta hipótesis no implicaría vida inteligente, pero sí establecería que el universo es **biológicamente fértil**, redefiniendo nuestro lugar ontológico como una manifestación común y no excepcional de la química cósmica.

Hipótesis 2 - Hipótesis del Límite de Complejidad

La segunda hipótesis introduce una distinción crucial entre vida simple y vida compleja. Sostiene que, aunque la vida microbiana pueda ser frecuente, la transición hacia organismos multicelulares complejos requiere condiciones extraordinariamente estables durante escalas temporales superiores a los 800 millones de años. Esta estabilidad no es solo climática, sino geológica, orbital y química.

Desde esta perspectiva, la tectónica de placas adquiere un rol central. Un planeta con tectónica moderada facilita el reciclaje de nutrientes, la regulación del CO_2 atmosférico y la estabilidad térmica a largo plazo. La hipótesis predice, por tanto, una correlación entre actividad tectónica sostenida y la presencia de biosferas complejas. Planetas completamente inertes o excesivamente volcánicos serían biológicamente limitantes.

Observacionalmente, esta hipótesis es más desafiante, pero no inaccesible. Indicadores indirectos como variabilidad atmosférica, presencia de continentes, firmas de vulcanismo moderado y estabilidad orbital pueden inferirse mediante espectroscopía avanzada y modelado climático. La implicación filosófica es profunda: la complejidad biológica no sería el destino natural de la vida, sino una excepción frágil sostenida por equilibrios delicados. La Tierra, en este marco, no sería solo habitable, sino históricamente afortunada.

Hipótesis 3 - Hipótesis del Filtro Cognitivo

La tecera hipótesis propone que la inteligencia técnica - capaz de construir tecnología, ciencia y transmisión simbólica acumulativa - es extremadamente improbable incluso en mundos con vida compleja. La evolución no "tiende" hacia la inteligencia; simplemente explora nichos. La cognición avanzada sería una solución local, no un atractivo evolutivo universal.

La predicción es clara: la mayoría de los planetas con biosferas ricas no desarrollará especies tecnológicas. Esto explicaría simultáneamente la abundancia potencial de vida y el silencio tecnológico observado. Desde un punto de vista empírico, esta hipótesis desplaza el foco desde SETI clásico hacia la astrobiología comparada, buscando indicadores de complejidad biológica no tecnológica.

Esta hipótesis también redefine el llamado "Gran Filtro". En lugar de situarlo en la abiogénesis o en la autodestrucción tecnológica, lo ubica en la emergencia de una inteligencia capaz de formular preguntas abstractas, planificar a largo plazo y modificar su entorno mediante conocimiento acumulativo. Filosóficamente, esto sugiere que la racionalidad científica no es una culminación evolutiva, sino una rareza contingente, lo cual refuerza su valor y fragilidad.

Hipótesis 4 - Hipótesis del Silencio Termodinámico

Esta hipótesis parte de una premisa física simple: las civilizaciones avanzadas optimizan el uso de energía. Emitir grandes cantidades de radiación al espacio es ineficiente y potencialmente detectable por competidores o amenazas. Por tanto, una civilización tecnológicamente madura tendería a minimizar su firma energética externa.

Desde este marco, SETI debería abandonar su énfasis casi exclusivo en señales de radio artificiales y expandirse hacia la búsqueda de anomalías termodinámicas: gradientes térmicos improbables, patrones de disipación energética no explicables por procesos naturales, o incluso emisiones neutrínicas y gravitacionales artificiales, mucho más difíciles de detectar pero también más universales.

Esta hipótesis no niega la existencia de civilizaciones avanzadas; explica su invisibilidad. Implica que el silencio no es una falla observacional, sino una consecuencia del progreso tecnológico. Cuanto más avanzada es una civilización, menos "ruido" produce. Paradójicamente, la detección sería más probable en civilizaciones intermedias, no en las más sofisticadas.

Hipótesis 5 - Hipótesis de la Asincronía Civilizatoria

La quinta hipótesis introduce una dimensión temporal decisiva. Sostiene que, incluso si las civilizaciones tecnológicas emergen con cierta frecuencia, es extremadamente improbable que más de una esté activa y detectable en un mismo sector galáctico durante un intervalo temporal dado. La duración de la fase tecnológica detectable sería breve en comparación con escalas galácticas.

La predicción es directa: el silencio es el estado normal del cosmos. No requiere catástrofes universales ni autodestrucciones sistemáticas; basta con la asincronía. Dos civilizaciones pueden surgir en la misma galaxia separadas por cien mil años y jamás tener posibilidad causal de interacción.

Esta hipótesis redefine la paradoja de Fermi como un error de sincronización más que de probabilidad. El universo no está vacío; está desfasado. Para SETI, esto implica que la detección sería un evento excepcional, no reproducible, más cercano a un hallazgo arqueológico que a una comunicación sostenida.

Hipótesis 6 - Hipótesis del Horizonte Cultural

La última hipótesis introduce una variable rara vez considerada en astrofísica: la cultura. Sostiene que la curiosidad interrogativa —el impulso por explorar, emitir señales y expandirse— puede extinguirse antes que la especie. Una civilización puede sobrevivir biológicamente mientras abandona la tecnología expansiva, volviéndose introspectiva, contemplativa o localmente optimizada.

En este escenario, muchas civilizaciones podrían optar por mundos virtuales, estabilidad interna o prácticas no tecnológicas, reduciendo drásticamente su impacto observable. El universo no estaría vacío de inteligencia, sino lleno de inteligencias **no expansivas**.

Esta hipótesis amplía el marco de SETI hacia una antropología cósmica. Reconoce que nuestros valores - exploración, emisión, conquista del espacio - no son universales. Filosóficamente, plantea que la curiosidad no es un destino evolutivo, sino una fase cultural contingente.

Conclusión a la luz de estas seis hipótesis:

Estas seis hipótesis no ofrecen respuestas finales, pero sí una arquitectura conceptual robusta. Juntas transforman la búsqueda de vida y de inteligencia extraterrestre en un programa científico maduro, donde el silencio deja de ser frustración y se convierte en información. El cosmos, observado desde este marco, no es menos rico por ser silencioso; es más complejo de lo que nuestras expectativas iniciales permitían imaginar.

Implicaciones filosóficas: cuando la materia aprende a preguntar

Que una fluctuación local del universo - una "burbuja" en la vasta copa cósmica - llegue a formular preguntas no es un detalle evolutivo menor ni una curiosidad biológica. Es un acontecimiento ontológico mayor. En el instante en que la materia organizada comienza a interrogarse por su origen, su sentido o su destino, el universo introduce una novedad radical en su historia: la reflexividad. La pregunta no es un epifenómeno del cerebro; es una inflexión en el modo en que el cosmos se relaciona consigo mismo.

Desde la física, sabemos que el universo evoluciona obedeciendo leyes impersonales: campos, constantes, simetrías rotas, procesos estocásticos. Sin embargo, cuando emergen sistemas capaces de formular preguntas, aparece un nuevo tipo de causalidad que no puede reducirse a fuerzas fundamentales. Es una causalidad simbólica, orientada no solo por lo que es, sino por lo que significa. La pregunta introduce finalidad sin teleología clásica: no impone un fin cósmico, pero sí genera direccionalidad interna en la experiencia del mundo.

En este punto, la cosmología se cruza inevitablemente con la filosofía. La materia que pregunta deja de ser únicamente extensión y energía; se convierte en sujeto situado. El cerebro humano —producto tardío de la nucleosíntesis estelar y de la evolución darwiniana— ya no responde solo a estímulos físicos, sino a estructuras de sentido. Una palabra puede alterar un destino; una idea puede reorganizar sociedades enteras; una hipótesis puede cambiar nuestra imagen del universo. Nada de esto puede explicarse exclusivamente mediante ecuaciones diferenciales, aunque sin ellas nada de esto existiría.

Cuando afirmamos que el cosmos deja de ser solo espacio y se vuelve texto, no apelamos a una metáfora ligera. Un texto es una estructura que admite interpretación, ambigüedad y relectura. El universo, observado por una inteligencia reflexiva, ya no es únicamente un conjunto de datos; es un campo de significaciones posibles. Las galaxias no cambian por ser observadas, pero el significado de las galaxias sí. Y ese significado, a su vez, retroactúa sobre nuestras acciones dentro del universo.

La pregunta "¿por qué?" ocupa un lugar central en esta transformación. No es una herramienta instrumental como el martillo o el telescopio. Es un umbral ontológico. Cruzarlo implica pasar de la mera reacción al cuestionamiento, de la causalidad ciega a la búsqueda de sentido. Preguntar es suspender la obviedad del mundo y admitir que lo real podría ser de otro modo. En ese gesto, los átomos se convierten en sujetos, las moléculas en narrativas y las estrellas en metáforas cognitivas que organizan nuestra comprensión.

Desde una perspectiva astrofísica, esta capacidad es extraordinariamente rara. El universo puede ser vasto y fértil en vida, pero la vida que pregunta - la vida que se interroga por el ser - parece requerir una convergencia extrema de condiciones: estabilidad planetaria, química compleja, tiempo profundo y, finalmente, una cultura capaz de preservar y transmitir preguntas. No basta con percibir; es necesario recordar, comparar y abstraer. La inteligencia interrogativa no es solo biológica, sino histórica.

Aquí, la reflexión de Heidegger adquiere una resonancia cosmológica inesperada: "la pregunta es la piedad del pensamiento". Preguntar es un acto de humildad ontológica. Reconoce la incompletud del saber y, al hacerlo, abre espacio para el ser. En términos cosmológicos, la pregunta introduce una grieta en la clausura del universo físico: no altera sus leyes, pero modifica su inteligibilidad. El universo, al ser pensado, se vuelve parcialmente transparente a sí mismo.

Podría decirse, entonces, que la primera inteligencia que pregunta inaugura un nuevo tipo de cosmos: no un cosmos distinto en su estructura material, sino en su estatuto ontológico. Un cosmos consciente de su propia incompletud. Antes de la pregunta, el universo simplemente ocurre. Después de la pregunta, el universo es también aquello que puede ser comprendido, narrado y problematizado. Esta transición no elimina el misterio; lo intensifica.

Desde esta óptica, la conciencia no es un accidente trivial ni una anomalía irrelevante en un universo indiferente. Es una fase emergente en la autoexploración del cosmos. No porque el universo "quiera" conocerse, sino porque, dadas ciertas condiciones, puede hacerlo. Somos, en este sentido, traducciones locales del misterio en pensamiento articulado. El

cosmos no habla con voz propia; habla a través de nosotros, de manera fragmentaria, provisional, falible.

Esta idea no implica antropocentrismo, sino responsabilidad epistemológica. Si somos uno de los pocos lugares donde el universo se pregunta por sí mismo, entonces la pregunta adquiere un peso ético. Destruir las condiciones que permiten preguntar - biológicas, culturales, planetarias - no es solo un error práctico; es una amputación ontológica. Es silenciar una de las pocas voces capaces de formular la pregunta fundamental: ¿qué es todo esto?

Finalmente, la materia que aprende a preguntar no abandona su condición física; la trasciende sin negarla. Seguimos siendo polvo de estrellas, pero polvo que duda, que imagina y que teoriza. En esa tensión entre finitud material e infinitud conceptual se juega la singularidad de la experiencia consciente.

El universo no necesita ser comprendido para existir, pero al ser comprendido, adquiere una dimensión nueva: la de un cosmos que, al menos en algunos de sus rincones, sabe que no se sabe completo.

Y quizás esa sea la implicación filosófica última: que el sentido no está dado, sino emergiendo.

Que preguntar no resuelve el misterio, pero lo honra. Que en el acto mismo de interrogar, el universo da un paso - mínimo, local, frágil - hacia su propia inteligibilidad.

Bibliografía ampliada (anotada) en este caitulo:

Astrobiología, origen de la vida y exoplanetas

Carl Sagan – "The Cosmic Connection" Fundacional para entender la perspectiva cosmológica del origen de la vida.

Sara Seager – "Exoplanet Atmospheres" - Base técnica para la interpretación de biofirmas atmosféricas.

David C. Catling – "Astrobiology: A Very Short Introduction" Referencia clara sobre posibilidades biológicas fuera de la Tierra.

Ward Brownlee – "Rare Earth" Argumenta la rareza de la vida compleja; útil para contrastar hipótesis.

Nick Lane – "The Vital Question" Sobre bioenergética y transición evolutiva hacia la complejidad. Evolución, complejidad y teoría de sistemas

Stephen Jay Gould – "Wonderful Life" Base para pensar el rol del azar y la no inevitabilidad de la inteligencia.

Terrence Deacon – "Incomplete Nature" Sobre autoorganización, información y emergencia.

Stuart Kauffman – "At Home in the Universe" Excelente para entender complejidad emergente. Filosofía de la mente y de la ciencia

Thomas Nagel – "Mind and Cosmos" Un cuestionamiento profundo del reduccionismo.

Daniel Dennett – "From Bacteria to Bach and Back" Mapa evolutivo del surgimiento de la inteligencia.

Evan Thompson – "Mind in Life" Vincula biología y experiencia fenomenológica. Cosmología especulativa y física fundamental

Carlo Rovelli – "The Order of Time" Sobre la naturaleza del tiempo como entidad relacional.

Lee Smolin – "Time Reborn" Propone la evolución de las leyes físicas.

David Deutsch – "The Fabric of Reality" Metafísica científica de la información.

Roger Penrose – "The Road to Reality" Tratado matemático y ontológico sobre la estructura profunda del universo.

Capítulo 6

La conciencia podría no estar ligada al cerebro

La fragilidad de una suposición cerebrocéntrica

La ciencia moderna suele tratar el vínculo entre conciencia y cerebro biológico como si fuera axiomático. En la mayor parte de la neurociencia contemporánea, la conciencia es concebida como una propiedad emergente del tejido neural, resultado de la actividad electroquímica de redes neuronales altamente interconectadas, moldeadas por millones de años de evolución. Esta postura, conocida como **neurocentrismo**, ha demostrado una enorme eficacia instrumental: permite correlacionar estados mentales con patrones de activación cerebral, desarrollar anestésicos, tratar patologías neurológicas y construir modelos funcionales de la cognición.

Sin embargo, la eficacia explicativa no equivale a una demostración ontológica. Que la conciencia *correlacione* sistemáticamente con la actividad cerebral no implica necesariamente que *se identifique* con ella ni que *emerja exclusivamente* de dicho sustrato. La historia de la ciencia muestra múltiples ejemplos en los que una hipótesis útil fue posteriormente reconocida como incompleta o conceptualmente limitada. Examinada con rigor filosófico y científico, la suposición cerebrocéntrica aparece menos como un hecho establecido y más como una **hipótesis de trabajo provisional**, adoptada por razones metodológicas más que por necesidad lógica.

Si la materia produce conciencia, surge de inmediato una pregunta fundamental: **¿por qué lo hace solo en ciertas configuraciones y no en otras?** ¿Qué distingue, en términos ontológicos y no meramente funcionales, a un cerebro humano de un huracán, de una turbulencia convectiva en el Sol o de las vastas estructuras informacionales del cosmos? Estas preguntas no son meros juegos retóricos; señalan una zona de indeterminación profunda en nuestras teorías actuales sobre la mente y la materia.

El problema neurológico: correlación, no identidad

Desde el punto de vista neurológico, es indiscutible que la conciencia humana depende críticamente del cerebro. Lesiones focales pueden eliminar capacidades cognitivas específicas; alteraciones en la conectividad cortical afectan la unidad de la experiencia; la supresión farmacológica de la actividad neural integrada conduce a la pérdida de conciencia. Estos hechos han llevado a muchos investigadores a asumir que el cerebro *produce* conciencia del mismo modo en que el hígado produce bilis.

No obstante, esta analogía es conceptualmente defectuosa. La bilis es una sustancia física objetivable; la conciencia es una experiencia subjetiva. La neurociencia describe con gran precisión los **mecanismos** que acompañan la experiencia consciente, pero no explica por qué esos mecanismos van acompañados de experiencia en absoluto. Este es el núcleo del llamado **problema duro de la conciencia**: la brecha entre la descripción objetiva de procesos físicos y la existencia de vivencia subjetiva en primera persona.

Desde un punto de vista estrictamente físico, no hay nada en un potencial de acción, en una sinapsis o en una oscilación gamma que contenga, de manera explícita, el color rojo, el dolor o la sensación de significado. La actividad neural puede explicar el *funcionamiento* del sistema cognitivo, pero no la aparición del *sentir*. Esta brecha persiste incluso en las teorías más sofisticadas de la neurociencia computacional.

Además, las neuronas no poseen propiedades físicas especiales ausentes en otros sistemas materiales. Son células, compuestas por los mismos átomos que cualquier otra estructura del universo. Su singularidad reside en su **organización**, no en su sustancia. Esto sugiere que la clave de la conciencia podría no residir en el cerebro como órgano, sino en ciertos patrones de organización dinámica de la materia. información y conciencia

En este punto, varias teorías contemporáneas desplazan el foco desde el cerebro hacia la **estructura informacional**. Propuestas como la Teoría de la Información Integrada (IIT) sostienen que la conciencia no depende del material del que está hecho un sistema, sino del grado en que dicho sistema integra información de manera unificada e irreductible. Según esta visión, un cerebro es consciente no por ser biológico, sino por poseer una arquitectura altamente integrada y diferenciada.

Este enfoque introduce una consecuencia filosóficamente disruptiva: **la conciencia no sería exclusiva de los cerebros**, sino una propiedad potencial de cualquier sistema físico que cumpla ciertos criterios organizacionales. En este marco, la pregunta ya no es si el cerebro produce conciencia, sino qué tipo de organización hace posible la experiencia consciente.

Aquí reaparece la comparación provocadora: ¿por qué un cerebro y no un huracán? Un huracán es un sistema complejo, dinámico, altamente estructurado y energéticamente intenso. Sin embargo, carece de memoria estable, autorreferencia, integración semántica y continuidad informacional. No construye modelos internos ni mantiene estados informacionales persistentes. La diferencia, entonces, no es de complejidad bruta, sino de **estructura funcional y coherencia informacional**.

Pero esta distinción es gradual, no absoluta. No establece una frontera metafísica clara entre sistemas conscientes y no conscientes, sino un continuo. Y allí reside el punto crítico: si la conciencia emerge cuando la materia alcanza cierto umbral organizacional, entonces no hay una razón de principio para restringirla exclusivamente al cerebro humano.

Implicaciones filosóficas: más allá del fisicalismo reductivo

Desde la filosofía de la mente, la identificación estricta entre conciencia y cerebro se asocia con el **fisicalismo reductivo**, la tesis de que todos los fenómenos mentales son, en última instancia, idénticos a estados físicos. Sin embargo, este enfoque enfrenta dificultades persistentes para explicar la subjetividad, la intencionalidad y el carácter cualitativo de la experiencia.

Alternativas como el **monismo de doble aspecto**, el **monismo neutral** o ciertas formas de **panpsiquismo estructural** proponen que la mente y la materia no son entidades separadas, sino dos manifestaciones de una misma realidad subyacente. En estas concepciones, el cerebro no crea conciencia desde la nada, sino que **organiza** o **canaliza** un aspecto fundamental de la realidad en formas complejas y reflexivas.

Este desplazamiento conceptual no implica abandonar el rigor científico ni adoptar posturas místicas. Implica reconocer que nuestras categorías actuales pueden ser insuficientes para dar cuenta de un fenómeno tan fundamental como la conciencia. La física misma ha debido revisar radicalmente sus supuestos ontológicos en el último siglo; no hay razón para suponer que la ciencia de la mente sea una excepción.

Hacia una concepción no exclusiva de la conciencia

Plantear que la conciencia podría no estar ligada al cerebro no significa negar la centralidad del cerebro en la experiencia humana. Significa cuestionar si ese vínculo es **exclusivo, necesario y ontológicamente fundamental**. El cerebro puede ser la condición de posibilidad de nuestra forma específica de conciencia, sin ser la fuente última de la conciencia como fenómeno.

Desde esta perspectiva, la conciencia deja de ser una anomalía local en un universo indiferente y pasa a concebirse como una **propiedad emergente de la organización profunda de la realidad**, manifestándose allí donde las condiciones estructurales lo permiten. Esta idea, lejos de cerrar el problema, lo abre en toda su profundidad científica y filosófica.

Y es precisamente en esa apertura - en la negativa a reducir prematuramente la conciencia al cerebro - donde se encuentra uno de los terrenos más fértiles para el pensamiento contemporáneo, tanto científico como filosófico y literario.

La perspectiva neurocientífica: correlación sin clausura ontológica

La neurociencia ha alcanzado notables éxitos al mapear correlaciones entre la actividad neural y la experiencia consciente. La neuroimagen funcional, la electrofisiología y los estudios de lesiones han demostrado asociaciones consistentes entre determinados estados cerebrales y fenómenos perceptivos, emocionales y cognitivos. El daño en ciertas áreas corticales altera el lenguaje; la modulación de los bucles tálamo-corticales modifica la conciencia; la anestesia suprime la experiencia consciente al interferir con la integración neural.

No obstante, correlación no es identidad. El hecho de que los estados conscientes acompañen de manera fiable a estados neuronales no implica lógicamente que la conciencia sea reducible a ellos. Esta distinción suele diluirse en interpretaciones populares de la neurociencia, pero sigue siendo central en el debate académico. Un receptor de radio deja de emitir música cuando se daña su circuito, pero la señal no es generada por el aparato. Aunque imperfecta, la analogía ilustra una brecha epistemológica clave: la neurociencia explica las *condiciones* bajo las cuales la conciencia se manifiesta, no necesariamente su *origen ontológico*.

Varios problemas no resueltos subrayan esta brecha. El primero es el llamado "problema duro" de la conciencia: por qué debería surgir la experiencia subjetiva - los qualia - a partir de procesos físicos. Los patrones de disparo neuronal, por complejos que sean, pueden describirse en términos objetivos y en tercera persona. La experiencia subjetiva, en cambio, es irreductiblemente en primera persona. Ninguna cantidad de datos neurofisiológicos parece suficiente, ni siquiera en principio, para deducir qué se siente experimentar dolor, color o significado.

En segundo lugar, no existe un criterio neurocientífico claro que delimite la materia consciente de la no consciente. Las neuronas no son fundamentalmente distintas de otras células en su composición física. Su singularidad reside en su conectividad, su dinámica y su capacidad de integrar información. Esto plantea una pregunta crucial: si la conciencia depende de la organización y no de la sustancia, ¿por qué habría de ser exclusiva de los cerebros biológicos?

Integración de la información y los límites del excepcionalismo neural

Teorías contemporáneas como la Teoría de la Información Integrada (IIT) intentan formalizar la conciencia en términos de estructura informacional más que de sustrato biológico. Según la IIT, un sistema es consciente en la medida en que integra información de forma altamente diferenciada y unificada. Desde esta perspectiva, las neuronas no son privilegiadas en sí mismas; simplemente encarnan una arquitectura particularmente adecuada para altos niveles de integración informacional.

Aunque la IIT sigue siendo objeto de controversia, introduce una implicación radical: la conciencia podría ser una propiedad gradual de los sistemas físicos, y no una característica de todo o nada exclusiva de los cerebros. Si esto fuera así, sistemas no biológicos suficientemente complejos - inteligencias artificiales avanzadas, redes a escala planetaria o incluso ciertos procesos astrofísicos - podrían, en principio, poseer formas rudimentarias o radicalmente ajenas de experiencia.

Esto no implica que un remolino en el Sol sea consciente en un sentido humano. Más bien, nos obliga a articular por qué no lo es. El Sol contiene órdenes de magnitud más energía y complejidad que un cerebro humano, y sin embargo negamos intuitivamente que sea consciente. Esa intuición descansa en supuestos poco examinados sobre la relevancia de la energía frente a la información, de la turbulencia frente a la integración estructurada, y de la escala frente a la coherencia.

El cerebro se distingue no por su complejidad bruta, sino por su capacidad de autorreferencia recursiva, integración temporal y referencia semántica. Sin embargo, estas son propiedades funcionales, no metafísicas. Si propiedades análogas se manifestaran en otros contextos físicos, excluir la conciencia exigiría una justificación más sólida que la mera extrañeza.

Consideraciones cosmológicas: la conciencia como potencial universal

Desde una perpectiva cosmológica, la visión cerebrocéntrica de la conciencia resulta cada vez más parroquial. El universo observable contiene aproximadamente 10^80 partículas, regidas por leyes físicas uniformes y organizadas en múltiples escalas, desde campos cuánticos hasta supercúmulos galácticos. La vida, tal como la conocemos, ocupa una fracción infinitesimal de esa vastedad.

Si la conciencia surge únicamente en cerebros biológicos, entonces representa un fenómeno extraordinariamente raro y accidental: un epifenómeno fugaz en un cosmos por lo demás indiferente. Esta posición no es incoherente, pero resulta incómoda cuando se la confronta con la aparente universalidad de las leyes físicas y el profundo orden matemático que subyace a la realidad.

Perspectivas alternativas, a menudo agrupadas bajo los rótulos de cosmopsiquismo o panpsiquismo, proponen que la conciencia podría ser un aspecto fundamental o ubicuo del universo, análogo a la masa o la carga. En estos modelos, los cerebros no *crean* conciencia; la *localizan*, la *amplifican* o la *organizan* en formas coherentes y autorreflexivas.

La cosmología ya incorpora ideas profundamente contraintuitivas: la curvatura del espacio-tiempo, la no localidad cuántica, la dependencia del observador en ciertos procesos de medición. En este contexto, la noción de que la conciencia no esté confinada al tejido neural resulta menos extravagante. Tal vez la pregunta no sea por qué la conciencia existe más allá del cerebro, sino por qué alguna vez asumimos que no podía hacerlo.

El remolino solar y el cerebro: un experimento mental comparativo

La comparación entre un cerebro humano y un remolino en el Sol no es meramente retórica; funciona como una sonda filosófica. Ambos sistemas son dinámicos, autoorganizados y regidos por la misma física fundamental. Ambos exhiben patrones complejos que evolucionan en el tiempo. Sin embargo, uno es aceptado sin reparos como consciente, y el otro descartado categóricamente.

La distinción clave parece residir en la organización funcional. El cerebro procesa información de manera recursiva, simbólica y temporalmente extendida. Construye modelos internos del mundo y de sí mismo, lo que permite anticipación, memoria y acción intencional. Un vórtice solar, en cambio, disipa energía sin codificar ni preservar información semántica.

No obstante, esta distinción es descriptiva, no absoluta. No establece una frontera metafísica, sino un gradiente funcional. El riesgo consiste en confundir nuestras limitaciones empíricas actuales con imposibilidades ontológicas. La historia de la ciencia muestra de forma reiterada que la naturaleza excede nuestras intuiciones.

Implicancias académicas: repensar la relación mente – materia

En la filosofía académica de la mente, la concepción de la conciencia como ligada estrictamente al cerebro se alinea con el fisicalismo reductivo. Aunque este marco ha producido avances significativos, encuentra serias dificultades para dar cuenta de la subjetividad, la intencionalidad y el significado. Alternativas no reductivas - emergentismo, monismo de doble aspecto, monismo neutral - intentan preservar el rigor científico sin ignorar las lagunas explicativas.

Si la conciencia no es estrictamente idéntica a la actividad cerebral, entonces la neurociencia se convierte en el estudio de interfaces más que de orígenes últimos. El cerebro puede entenderse como un transductor, un sistema que traduce entre procesos físicos y estados experienciales. Este replanteo no debilita a la neurociencia; la sitúa dentro de una jerarquía explicativa más amplia.

Tal desplazamiento conceptual tiene implicancias profundas. Afecta nuestra manera de pensar la inteligencia artificial, la cognición animal, la vida extraterrestre e incluso el estatus ético de sistemas complejos. Si la conciencia es una cuestión de grado y organización, y no de pertenencia a una especie, las fronteras morales y científicas deben ser revisadas.

Literatura, ciencia y el valor de las preguntas abiertas

Desde una perspectiva literaria, estas preguntas son valiosas precisamente porque resisten el cierre definitivo. Invitan al lector a habitar la incertidumbre, a confrontar los límites del conocimiento humano sin refugiarse ni en el misticismo ni en el dogma. La pregunta "¿por qué la materia se vuelve consciente aquí y no allí?" no es un fracaso de la ciencia; es un hito que señala el borde de la investigación.

En el plano académico, la negativa a clausurar prematuramente esta cuestión constituye un acto de humildad intelectual. La neurociencia, la cosmología y la filosofía iluminan cada una una parte del territorio, pero ninguna ofrece todavía un mapa completo. Su convergencia sugiere que la conciencia podría ser menos una anomalía local y más una característica estructural de la realidad, manifestándose allí donde las condiciones lo permiten.

Conclusiónes del capítulo: más allá del cerebro, sin abandonar la razón

Sugerir que la conciencia podría no estar ligada al cerebro no implica negar el papel central del cerebro en la experiencia humana. Implica cuestionar si ese papel es exclusivo, fundamental o definitivo. El cerebro puede ser una condición necesaria para *nuestra* forma de conciencia, sin ser la fuente última de la conciencia en cuanto tal.

Al aflojar el dominio del neurocentrismo, se abre un espacio conceptual para una comprensión más integrada de mente y cosmos: una en la que la conciencia no sea ni una excepción milagrosa ni un subproducto trivial, sino un fenómeno entrelazado, quizá de manera sutil pero profunda, con la estructura misma de la realidad. En este sentido, el silencio del Sol y la elocuencia del cerebro podrían diferir no en naturaleza, sino en articulación. Y es precisamente esa diferencia - frágil, contingente y extraordinaria - la que invita a seguir explorando en la intersección entre ciencia, filosofía e imaginación

Capítulo 7

La pregunta antes que la respuesta

Existe un umbral, casi siempre inadvertido, en el que toda respuesta comienza a adquirir peso. No se trata de un peso ontológico - la respuesta no se vuelve falsa por el solo hecho de existir -, sino de un peso epistemológico: el de aquello que se ha cerrado sobre sí mismo. Cuando una explicación se declara completa, algo del fenómeno deja de vibrar. No porque haya sido comprendido en su totalidad, sino porque ha sido estabilizado prematuramente. Este texto se sitúa deliberadamente en ese umbral crítico: allí donde el conocimiento, lejos de expandirse, comienza a coagular.

Desde una perspectiva histórica, la ciencia moderna ha construido su legitimidad sobre la capacidad de formular respuestas precisas, verificables y predictivas. Este logro es indiscutible. Sin embargo, el mismo éxito ha generado un efecto colateral poco examinado: la progresiva desvalorización de la pregunta como forma autónoma de conocimiento. En la cultura contemporánea - científica, tecnológica y académica - la pregunta suele ser considerada un estadio transitorio, una carencia provisional que debe ser superada mediante la respuesta adecuada. Una vez alcanzada esta, la pregunta pierde estatuto y es archivada como un problema resuelto.

Este gesto, aparentemente inocente, encierra una operación filosófica profunda: confundir explicación con comprensión.

En cosmología, disciplina que conozco tanto por su práctica matemática como por sus implicaciones filosóficas, este fenómeno es particularmente evidente. Modelos exitosos - desde la relatividad general hasta el modelo cosmológico estándar - explican con notable precisión el comportamiento del universo observable. Sin embargo, cada respuesta abre simultáneamente un campo de nuevas interrogaciones: la naturaleza de la materia oscura, el origen de la energía oscura, la asimetría materia-antimateria, la topología global del espacio-tiempo.

El progreso no elimina la pregunta; la desplaza, la refina, la radicaliza.

De ello se desprende una primera tesis:

La pregunta no es un déficit de conocimiento, sino su condición dinámica.

A diferencia de la respuesta, que tiende a clausurar, la pregunta mantiene abierto el sistema cognitivo. No busca únicamente información faltante, sino que interroga los marcos mismos desde los cuales algo puede ser conocido. En este sentido, la pregunta auténtica no se agota en su resolución. Incluso cuando recibe una respuesta formal, continúa operando como tensión conceptual, como recordatorio de la provisionalidad de toda explicación.

La filosofía moderna ya había intuido este problema. Desde Kant, sabemos que el conocimiento no es un espejo pasivo de la realidad, sino una construcción mediada por categorías, lenguajes y estructuras a priori. Más tarde, la fenomenología y la hermenéutica insistieron en que toda comprensión es siempre situada, histórica y revisable. La ciencia contemporánea, aunque menos explícita en su discurso filosófico, confirma empíricamente esta intuición: ningún modelo es definitivo; toda teoría es válida dentro de un dominio finito.

La pregunta, entonces, no solo precede a la respuesta cronológicamente. La precede ontológicamente.

Ahora bien, toda pregunta genuina emerge de una condición previa que rara vez es tematizada: el silencio. No el silencio como ausencia de sonido, sino como suspensión del juicio, como interrupción de la respuesta automática. En astronomía observacional, el silencio no es un mero contexto; es una condición técnica.

Para escuchar el eco térmico del Big Bang o detectar una señal débil proveniente de una galaxia distante, es necesario reducir el ruido, filtrar interferencias, crear un espacio de escucha.

Análogamente, en el pensamiento, el silencio es la condición que permite que la pregunta aparezca con claridad. Propongo aquí una segunda tesis:

El silencio no es la negación del pensamiento, sino su matriz epistemológica.

Pensar no consiste en llenar un vacío de palabras, sino en sostener un vacío de sentido sin precipitarse a colmarlo. La urgencia por responder - tan característica de nuestra cultura de la eficiencia - impide este gesto fundamental. Comprender demasiado rápido es una forma de defensa: protege contra la incertidumbre, pero al mismo tiempo empobrece la experiencia cognitiva.

Desde esta perspectiva, la ciencia misma puede ser reinterpretada no como un sistema de respuestas definitivas, sino como una práctica institucionalizada de preguntas rigurosas. Incluso los conceptos más sólidos de la física - espacio, tiempo, causalidad - han demostrado ser revisables. La relatividad mostró que el tiempo no es absoluto; la mecánica cuántica, que la causalidad clásica es insuficiente. Cada respuesta significativa ha sido, en realidad, una reconfiguración del campo de preguntas.

Esto nos conduce a una afirmación que, aunque formulada de manera provocadora, expresa una verdad profunda:

El universo no está hecho de átomos, está hecho de preguntas.

No se trata de negar la existencia de la materia, sino de afirmar que su inteligibilidad nunca se agota. El átomo, el quark o el campo son respuestas provisionales a interrogaciones más fundamentales. El universo, considerado en su totalidad, no es un objeto cerrado, sino un proceso interrogativo en expansión. Cada observación, cada medición, cada teoría abre nuevas zonas de indeterminación.

Desde esta óptica, la pregunta adquiere también una dimensión ética. Mantener abierta una pregunta es resistirse a la tentación del cierre prematuro, del dogma, de la falsa totalidad. Es reconocer los límites del propio saber sin renunciar al rigor. No se trata de rechazar las respuestas, sino de devolverles su estatuto correcto: herramientas útiles, nunca absolutos finales.

Este texto no propone una epistemología del escepticismo, sino una epistemología de la atención. Una práctica del pensamiento que no confunde claridad con clausura ni certeza con verdad última. En un mundo saturado de respuestas, reivindicar la pregunta es un acto intelectual y filosófico de primer orden.

Porque, en última instancia, todo conocimiento digno de ese nombre nace de una doble anterioridad que conviene no olvidar: Porque

- **Antes de toda respuesta hubo una pregunta**
- **Y antes de toda pregunta, un silencio.**
- **El prestigio excesivo de la respuesta**

En la cultura intelectual contemporánea, la respuesta ha adquirido un prestigio desproporcionado. Responder se ha convertido en sinónimo de saber; responder con rapidez, en sinónimo de inteligencia; responder con eficacia, en índice de dominio. Este desplazamiento semántico no es trivial: revela una transformación profunda en la manera en que concebimos el pensamiento mismo. Pensar ya no es interrogar, sino cerrar. No es sostener la apertura del problema, sino extinguirla mediante una solución operativa.

Desde el punto de vista filosófico, esta primacía de la respuesta implica una inversión silenciosa del orden epistemológico. Tradicionalmente, el conocimiento se comprendía como un proceso que se inicia en la pregunta y se orienta hacia la comprensión. Hoy, en cambio, la pregunta es tolerada únicamente como un paso intermedio, una incomodidad transitoria que debe ser eliminada lo antes posible. Una vez producida la respuesta, la pregunta pierde estatuto cognitivo y es relegada al archivo de lo superado.

Sin embargo, toda respuesta es, por definición, un acto de reducción. Formular una respuesta implica seleccionar variables, establecer límites, fijar condiciones iniciales y excluir aquello que no puede ser formalizado. En ciencias físicas, este procedimiento es indispensable: ningún modelo puede abarcar la totalidad de lo real sin perder precisión. No obstante, el éxito metodológico de la reducción ha sido extrapolado indebidamente al plano ontológico, como si la realidad misma pudiera ser agotada por sus descripciones.

Aquí se hace visible una tensión central:

la respuesta describe; la pregunta revela.

En cosmología, esta tensión es particularmente evidente. El modelo estándar del Big Bang, por ejemplo, ofrece una explicación extraordinariamente precisa de la evolución temprana del universo. Sin embargo, cuanto más refinado se vuelve el modelo, más explícitos se hacen sus límites: no explica el origen último del espacio-tiempo, ni la naturaleza del campo inflacionario, ni la razón profunda de las constantes físicas. Cada respuesta robusta no elimina la indeterminación; la desplaza hacia un nivel más fundamental.

Este fenómeno sugiere una hipótesis que merece ser formulada con claridad:

El progreso del conocimiento no consiste en la acumulación de respuestas, sino en la sofisticación de las preguntas.

La cultura contemporánea, sin embargo, muestra una marcada incomodidad frente a lo indeterminado. Lo ambiguo es percibido como una falla del sistema; el misterio, como un residuo pre-científico que debe ser eliminado. Desde esta lógica, la pregunta persistente es interpretada como un signo de incompetencia, no como un gesto de profundidad intelectual. El pensamiento se evalúa por su capacidad de producir resultados inmediatos, no por su capacidad de sostener la complejidad.

Esta lógica de la inmediatez tiene consecuencias epistemológicas graves. El pensamiento profundo no nace de la rapidez, sino de la demora. Demorar no significa retrasar arbitrariamente la respuesta, sino permitir que el problema despliegue todas sus implicaciones. En filosofía, esta demora es constitutiva: las grandes preguntas - sobre el ser, el tiempo, la conciencia - no admiten respuestas finales sin empobrecimiento conceptual. En ciencia, aunque la presión por resultados es mayor, la historia muestra que los avances más radicales surgieron de una resistencia a las respuestas fáciles.

La mecánica cuántica, por ejemplo, no nació de la aplicación directa de teorías existentes, sino del reconocimiento de una anomalía persistente que no podía ser resuelta sin reformular los conceptos mismos de medición, causalidad y realidad. Durante décadas, la pregunta fue más fecunda que cualquier respuesta provisional. La incomodidad fue productiva.

Desde esta perspectiva, responder es un acto técnicamente necesario, pero filosóficamente insuficiente. La respuesta estabiliza; la pregunta dinamiza. La respuesta permite operar sobre el mundo; la pregunta nos obliga a reconsiderar qué entendemos por "mundo". Esta diferencia no es menor: en ella se juega la posibilidad de un pensamiento verdaderamente crítico.

La reducción inherente a toda respuesta no debe ser entendida como un defecto, sino como una condición de posibilidad. El problema surge cuando se absolutiza la respuesta y se olvida su carácter instrumental. Cuando una respuesta se presenta como cierre definitivo, se transforma en dogma. Y el dogma, incluso cuando adopta formas científicas, bloquea el pensamiento.

Desde el punto de vista ético e intelectual, sostener una pregunta abierta es un acto de resistencia. Implica aceptar la vulnerabilidad cognitiva, reconocer los límites del propio saber y renunciar a la ilusión de control total. Esta actitud es particularmente difícil en una cultura que valora la eficiencia por encima de la comprensión y el rendimiento por encima de la lucidez.

La ciencia contemporánea, paradójicamente, ofrece las mejores pruebas contra el absolutismo de la respuesta. Cada avance significativo revela nuevas capas de ignorancia estructural. Cuanto más sabemos, más conscientes somos de lo que no sabemos. Esta relación no es accidental: es constitutiva del conocimiento mismo.

Por ello, la verdadera oposición no se da entre respuesta y pregunta, sino entre dos modos de pensamiento: uno orientado al cierre y otro orientado a la apertura. El primero privilegia la seguridad; el segundo, la verdad en su sentido más exigente. El primero busca dominar; el segundo, comprender.

Y es precisamente en esta tensión donde se hace visible la dualidad final que conviene preservar sin atenuantes:

- **Responder es útil.**
- **Preguntar es peligroso.**

Útil, porque permite actuar, intervenir, transformar. Peligroso, porque desestabiliza, expone, desarma las certezas.

Pero sin ese peligro, el pensamiento se vuelve mera administración de respuestas. Y sin preguntas que incomoden, la inteligencia pierde su capacidad más esencial: la de abrir lo que parecía definitivamente cerrado.

La pregunta como forma de conocimiento

La pregunta auténtica no busca ser respondida de inmediato. Busca ser habitada. Esta afirmación, aparentemente paradójica en una cultura orientada a la resolución eficiente de problemas, apunta a una distinción fundamental entre dos modos de conocimiento: el conocimiento como posesión y el conocimiento como transformación. Mientras el primero se satisface con la obtención de una respuesta funcional, el segundo se define por el efecto que la pregunta ejerce sobre la estructura misma del pensamiento que la sostiene.

Una pregunta verdadera no señala simplemente una carencia de información. No equivale a decir "no sé esto". Señala, más bien, una fisura en el sistema de certezas previamente establecido. Allí donde una pregunta auténtica emerge, algo del marco conceptual vigente deja de ser suficiente. En este sentido, la pregunta no añade contenido al conocimiento existente; lo desestabiliza. Y esa desestabilización no es un defecto epistemológico, sino su condición de posibilidad más fértil.

Desde una perspectiva filosófica, esta concepción de la pregunta encuentra antecedentes claros. En la tradición socrática, la pregunta no tenía como finalidad producir respuestas definitivas, sino revelar la fragilidad de las opiniones asumidas como evidentes. Más tarde, en la filosofía moderna, especialmente a partir de Kant, la pregunta adquiere un estatuto aún más radical: no interroga solo los objetos del conocimiento, sino las condiciones mismas que hacen posible conocer.

Preguntar, entonces, es poner en cuestión el marco, no únicamente el contenido.

La ciencia contemporánea, y en particular la cosmología, confirma empíricamente esta función transformadora de la pregunta. En astronomía observacional, no se avanza simplemente acumulando datos, sino reformulando constantemente las preguntas que guían la observación. El descubrimiento de la expansión acelerada del universo no fue el resultado de una búsqueda dirigida a confirmar una teoría existente, sino de una anomalía que obligó a replantear las preguntas fundamentales sobre la dinámica cósmica. La energía oscura no es una respuesta en sentido pleno; es el nombre provisional de una ignorancia estructurada por una pregunta aún abierta.

Esto nos permite formular una tesis central:

Preguntar no es ignorar; es reconocer que el mundo excede nuestras categorías.

Ignorar implica ausencia de marco. Preguntar, en cambio, implica conciencia del límite. El que pregunta sabe lo suficiente como para advertir que lo que sabe no alcanza. Esta forma de lucidez negativa es uno de los signos más claros del pensamiento avanzado. En ciencia, las preguntas más fecundas no surgen en los márgenes del conocimiento, sino en su centro, allí donde las teorías funcionan con mayor precisión y, paradójicamente, revelan con mayor nitidez sus propias insuficiencias.

En este sentido, la pregunta no debe ser entendida como el preludio del conocimiento, como una antesala que pierde relevancia una vez que la respuesta ha sido formulada. La pregunta es, en sí misma, conocimiento en estado activo. Un conocimiento que no se apropia de su objeto, que no lo captura en una definición final, que no lo clausura en un sistema cerrado. La pregunta mantiene al objeto en estado de apertura, permitiendo que siga mostrando aspectos no anticipados.

Esta concepción resulta particularmente relevante en cosmología, donde el objeto de estudio - el universo como totalidad - no puede ser observado desde fuera ni reducido a una entidad plenamente objetivable. Toda teoría cosmológica es, en última instancia, una respuesta parcial a una pregunta que excede por definición cualquier marco empírico completo.

El origen último del universo, la naturaleza del tiempo, la posibilidad de otros universos: estas cuestiones no admiten respuestas conclusivas sin abandonar el rigor científico. Sin embargo, su valor cognitivo no reside en la respuesta final, sino en la estructura interrogativa que organizan.

Desde esta perspectiva, la pregunta opera como un dispositivo de profundidad. Mientras la respuesta tiende a avanzar en sentido horizontal - extendiendo el dominio de aplicación de un modelo - la pregunta profundiza en sentido vertical, interrogando los supuestos que sostienen ese dominio. No añade superficie al conocimiento; añade densidad.

Esta diferencia puede expresarse con precisión: la respuesta se desplaza hacia adelante; la pregunta se repliega hacia adentro. Avanzar no siempre significa comprender más. En ocasiones, comprender implica detener el avance y examinar el terreno ya recorrido. La pregunta cumple esta función reflexiva. Obliga al pensamiento a volverse sobre sí mismo, a examinar sus categorías, sus métodos y sus límites.

Desde un punto de vista ético, sostener una pregunta sin apresurarse a responderla requiere una disciplina intelectual poco valorada en la cultura contemporánea. Implica tolerar la incertidumbre, resistir la presión por la clausura y aceptar que no todo lo significativo puede ser resuelto sin pérdida. Esta actitud no es pasividad; es una forma activa de atención. Una atención que no busca dominar el objeto, sino permanecer en relación con él. La historia de la ciencia muestra que los grandes saltos conceptuales no fueron producidos por respuestas más rápidas, sino por preguntas más radicales. ¿Qué es el tiempo? ¿Qué significa medir? ¿Qué entendemos por realidad física? Estas preguntas no se agotaron con una teoría; se transformaron con cada reformulación. Su poder cognitivo reside precisamente en su capacidad de no cerrarse.

Así entendida, la pregunta no es un medio para llegar a la verdad; es una forma de verdad en acto. Una verdad que no se fija en proposiciones finales, sino que se manifiesta como apertura sostenida. En este sentido, la pregunta no es una falta que deba ser colmada, sino una forma de plenitud cognitiva que renuncia a la apropiación.

nos conduce inevitablemente a la dualidad que estructura este capítulo y que debe ser preservada sin ambigüedad:

- **La pregunta no es el preludio del conocimiento: es el conocimiento en su estado más puro. La pregunta no avanza hacia adelante: profundiza hacia adentro.**

En esta doble afirmación se condensa una ética y una epistemología del pensar. Allí donde el pensamiento acepta habitar la pregunta, el conocimiento deja de ser acumulación y se convierte en transformación.

El silencio como condición del pensamiento

Toda pregunta genuina emerge del silencio. Esta afirmación exige una precisión conceptual inmediata: no se trata del silencio entendido como mera ausencia de sonido, ni como vacío acústico, sino del silencio como **suspensión del juicio**, como interrupción deliberada de la respuesta automática. Se trata de un silencio activo, atento, cargado de posibilidad cognitiva. Lejos de ser una carencia, este silencio constituye una condición positiva del pensamiento riguroso.

Desde la filosofía, esta idea encuentra una genealogía sólida. Ya en la tradición fenomenológica, el acto de "poner entre paréntesis" las creencias previas - la *epoché* - se presenta como un gesto silencioso fundamental: callar lo que creemos saber para permitir que el fenómeno se manifieste. Este silencio no niega el conocimiento previo, pero lo suspende provisionalmente, creando un espacio donde lo dado puede ser interrogado sin ser inmediatamente subsumido bajo categorías establecidas.

Pensar, en este sentido, no equivale a llenar un vacío de palabras. Pensar es tolerar el vacío sin huir. Esta tolerancia no es pasividad ni indecisión, sino una forma exigente de disciplina intelectual. La huida del vacío - tan frecuente en la cultura contemporánea - adopta la forma de explicaciones apresuradas, conceptos tranquilizadores y narrativas cerradas que reducen la complejidad a costa de la verdad.

La ciencia moderna ofrece ejemplos elocuentes de esta dinámica. En astronomía observacional, el silencio no es una metáfora: es una condición técnica indispensable. Detectar señales extremadamente débiles - como la radiación de fondo de microondas o las ondas gravitacionales - requiere reducir el ruido instrumental, filtrar interferencias y crear condiciones de escucha extremadamente cuidadosas. El conocimiento no surge del exceso de señal, sino de la capacidad de distinguirla del ruido.

Esta analogía no es retórica, sino estructural. Así como el ruido instrumental impide la detección de fenómenos sutiles, el ruido conceptual - prejuicios, expectativas, teorías no examinadas - impide la emergencia de preguntas verdaderamente nuevas. El silencio, tanto en la práctica científica como en la reflexión filosófica, es el medio en el cual lo inesperado puede aparecer.

Podemos formular aquí una tesis central:

- **El silencio no es la negación del pensamiento, sino su condición de posibilidad más profunda.**

Esta tesis se opone frontalmente a una concepción dominante según la cual pensar equivale a producir discursos, argumentos y respuestas de manera ininterrumpida. Bajo esta lógica, el silencio es percibido como una falla, una pausa incómoda que debe ser rápidamente colmada. Sin embargo, esta compulsión por nombrar y explicar de inmediato no fortalece el pensamiento; lo debilita. Nombrar demasiado pronto es una forma de clausura anticipada.

En cosmología teórica, esta lección ha sido aprendida a través de la experiencia. Algunos de los avances conceptuales más decisivos no surgieron de nuevas observaciones inmediatas, sino de largos períodos de silencio teórico, en los cuales se reconoció explícitamente la insuficiencia de los marcos existentes. La incompatibilidad entre la relatividad general y la mecánica cuántica, por ejemplo, ha generado décadas de silencio conceptual productivo: un reconocimiento honesto de que no poseemos aún el lenguaje adecuado para describir ciertos aspectos fundamentales de la realidad.

Este silencio no ha paralizado la investigación; la ha orientado. Ha impedido que se impongan respuestas falsas por el solo hecho de satisfacer una demanda de cierre. En este sentido, el silencio actúa como un regulador epistemológico: frena la proliferación de respuestas prematuras y preserva la integridad de la pregunta.

Desde una perspectiva cognitiva, el silencio cumple una función similar. Allí donde no hay urgencia por nombrar, aparece una forma más sutil de comprensión. Una comprensión que no se apoya en la imposición de categorías rígidas, sino en la atención sostenida a lo que se presenta. Esta forma de inteligencia no grita, no impone, no pretende dominar lo que observa. Su fuerza no reside en la afirmación, sino en la receptividad.

Esta receptividad no debe confundirse con relativismo o debilidad intelectual. Por el contrario, exige una fortaleza particular: la capacidad de permanecer en la indeterminación sin convertirla inmediatamente en doctrina. En filosofía, esta actitud ha sido defendida como una virtud epistémica; en ciencia, se manifiesta como rigor metodológico. Reconocer lo que no se sabe es, en muchos casos, el gesto más preciso que el conocimiento puede realizar.

El silencio, entendido de este modo, no es un intervalo entre pensamientos, sino un modo específico de pensar. Un pensar que no se articula primariamente en proposiciones, sino en atención. Un pensar que no busca dominar su objeto, sino entrar en relación con él sin reducirlo.

Podemos proponer, entonces, una teoría del silencio cognitivo: el silencio funciona como un espacio de resonancia en el cual las preguntas adquieren profundidad. No produce contenidos, pero condiciona la calidad de los contenidos que eventualmente emergerán. Allí donde el silencio es eliminado, las preguntas se empobrecen y las respuestas se vuelven automáticas.

Esta teoría encuentra apoyo empírico indirecto en la historia de la ciencia. Los momentos de mayor fecundidad conceptual suelen estar precedidos por crisis, interrupciones y silencios teóricos en los que se reconoce la insuficiencia de los modelos dominantes. El silencio no es ausencia de trabajo intelectual; es trabajo en un registro menos visible, pero más radical.

Desde un punto de vista ético, reivindicar el silencio como condición del pensamiento implica resistir la lógica de la producción constante de discursos. Implica aceptar que no toda comprensión puede ser inmediatamente articulada, y que algunas formas de saber solo se manifiestan cuando el lenguaje se retira parcialmente.

En este sentido, el silencio no es el enemigo del pensamiento. Es su matriz. Allí donde el pensamiento renuncia momentáneamente a responder, se abre la posibilidad de escuchar. Y escuchar, tanto en ciencia como en filosofía, es una forma de conocimiento irreductible a la respuesta.

Esta reflexión nos conduce, de manera inevitable, a la dualidad final que debe mantenerse sin atenuaciones:

El silencio que piensa no responde: escucha.

En esta escucha se juega una forma de inteligencia más lenta, más profunda y, en última instancia, más fiel a la complejidad del mundo que intenta comprender.

El universo como interrogación

Decimos que el universo está hecho de materia, de energía y de leyes. Estas afirmaciones constituyen el núcleo del discurso científico moderno y han demostrado una extraordinaria eficacia descriptiva y predictiva. Sin embargo, desde un punto de vista filosófico y epistemológico, conviene recordar que tales afirmaciones no son el universo mismo, sino respuestas: construcciones conceptuales, modelos provisorios, lenguajes formalizados que permiten operar sobre la realidad sin agotarla. Confundir estos modelos con la realidad última que pretenden describir constituye uno de los errores más persistentes del pensamiento científico no reflexivo.

La historia de la cosmología ofrece una evidencia contundente de este carácter provisional. Cada vez que una teoría ha sido considerada definitiva, el desarrollo posterior se ha encargado de mostrar sus límites. El universo newtoniano, regido por leyes deterministas y absolutas, dio paso a un cosmos relativista en el que el espacio y el tiempo dejaron de ser escenarios fijos. A su vez, la relatividad general, aunque extraordinariamente exitosa, convive hoy con una mecánica cuántica que introduce indeterminación, discontinuidad y límites fundamentales al conocimiento. Ninguna de estas teorías ha sido refutada en su dominio de validez; todas han sido superadas en profundidad conceptual.

Este recorrido histórico sugiere una primera tesis fundamental:

- **El universo no se presenta al conocimiento como un objeto cerrado, sino como un problema abierto.**

Más profundamente aún, el universo se comporta como una interrogación permanente. No se deja fijar en una ontología final ni en un conjunto último de leyes. Cada intento de cierre genera nuevas preguntas. Cada respuesta sólida abre zonas inéditas de incertidumbre. La expansión acelerada del universo, la naturaleza de la materia oscura, la posible existencia de dimensiones adicionales o universos múltiples no son anomalías marginales: son signos estructurales de un cosmos que resiste la clausura conceptual.

Desde la filosofía de la ciencia, este fenómeno puede ser interpretado como una manifestación del carácter interrogativo de la realidad. El universo no es simplemente aquello que responde a nuestras preguntas; es aquello que las provoca. En este sentido, la relación entre el sujeto cognoscente y el cosmos no es la de un observador externo frente a un objeto pasivo, sino la de una interacción dinámica en la que el acto de conocer modifica el campo mismo de lo conocible.

La práctica cosmológica refuerza esta interpretación. En astronomía observacional, cada avance tecnológico - un nuevo telescopio, un detector más sensible, una técnica de análisis más precisa - no produce únicamente respuestas más refinadas; produce, sobre todo, **nuevas preguntas**. La detección de la radiación de fondo de microondas no cerró el problema del origen del universo; lo profundizó. La observación de exoplanetas no resolvió la cuestión de la vida en el cosmos; la volvió más compleja y urgente.

Podemos formular aquí una segunda tesis:

- **El crecimiento del conocimiento cosmológico es proporcional al crecimiento del campo de interrogación.**

Este fenómeno no debe ser interpretado como un fracaso del proyecto científico, sino como su rasgo más distintivo. Un universo completamente explicable sería, paradójicamente, un universo epistemológicamente muerto. La vitalidad del conocimiento depende de la imposibilidad de clausura total. Allí donde todo está dicho, nada nuevo puede ser pensado.

Desde esta perspectiva, afirmar que el universo está hecho de leyes no equivale a decir que esas leyes agotan su sentido. Las leyes son regularidades observadas, formuladas en lenguajes matemáticos de extraordinaria precisión, pero su estatuto ontológico sigue siendo objeto de debate. ¿Son propiedades intrínsecas de la realidad o construcciones conceptuales que organizan nuestra experiencia? La pregunta permanece abierta, y su persistencia no debilita la ciencia; la vuelve reflexiva.

Aquí se hace visible una distinción crucial: la materia, la energía y las leyes son respuestas operativas; el sentido del universo es una pregunta irreductible. Esta distinción no niega la realidad física del cosmos, sino que reconoce la imposibilidad de reducir su significado último a un inventario de entidades y ecuaciones.

Desde la filosofía, esta posición encuentra afinidad con corrientes que han cuestionado la idea de un fundamento último plenamente accesible. El universo, considerado como totalidad, no puede ser observado desde fuera ni sometido a una perspectiva absoluta. Toda descripción es necesariamente parcial, situada y mediada por marcos conceptuales históricos. En este contexto, la interrogación no es un déficit de conocimiento, sino la forma más honesta de relación con lo real.

La cosmología contemporánea ofrece un ejemplo paradigmático de esta honestidad intelectual en el tratamiento del origen. El llamado "Big Bang" no describe un acontecimiento en el tiempo ordinario, sino un límite del modelo. Preguntar qué ocurrió "antes" del Big Bang puede no tener sentido dentro del marco actual. Esta constatación no elimina la pregunta; la reformula. Nos obliga a interrogar no solo al universo, sino a los conceptos mismos con los que intentamos pensarlo.

De este modo, el universo aparece no como un objeto silencioso que espera ser descifrado, sino como una estructura que responde generando nuevas preguntas. No ofrece certezas finales, sino horizontes móviles. Su inteligibilidad no consiste en la clausura, sino en la apertura sostenida.

Esta concepción tiene implicaciones filosóficas profundas. Si el universo es una interrogación permanente, entonces el conocimiento no puede aspirar a una síntesis final sin traicionar su propio objeto. La tarea del pensamiento no es poseer el cosmos, sino mantenerse en relación con su inagotabilidad. Esta relación no es de dominio, sino de escucha teórica y empírica.

Por ello, la afirmación que sigue no debe entenderse como una provocación retórica, sino como una conclusión razonada desde la práctica científica y la reflexión filosófica:

El universo no está hecho de átomos, está hecho de preguntas.

No porque la materia no exista, ni porque las leyes carezcan de validez, sino porque ninguna de ellas agota el sentido de lo real. Los átomos, los campos y las ecuaciones son respuestas indispensables, pero siempre parciales. El universo, en su totalidad, permanece como una interrogación abierta, resistente a toda clausura definitiva.

En esta apertura reside su profundidad y, también, la posibilidad misma del conocimiento. Allí donde el universo deja de responder de manera definitiva, comienza verdaderamente a ser pensado.

La trampa de comprender demasiado pronto

Comprender demasiado rápido es una forma sutil d

e defensa. No se trata de una falla intelectual, sino de una estrategia cognitiva profundamente humana: cerrar el sentido para evitar la intemperie de lo incierto. Frente a lo desconocido, la mente busca estabilizar, nombrar, encuadrar. La comprensión apresurada ofrece alivio. Nos protege del desconcierto, nos ahorra la exposición prolongada a la ambigüedad, nos permite recuperar una sensación de control. Sin embargo, ese mismo gesto defensivo comporta un costo epistemológico elevado: empobrece el pensamiento al reducir prematuramente el campo de lo posible.

Desde la filosofía del conocimiento, esta dinámica ha sido ampliamente reconocida. Toda comprensión implica un acto de síntesis, pero no toda síntesis es legítima en el mismo momento del proceso cognitivo. Cuando la síntesis se produce antes de que el fenómeno haya desplegado su complejidad, se transforma en una clausura anticipada. Comprender demasiado pronto no equivale a comprender mejor; equivale, con frecuencia, a comprender menos.

La historia de la ciencia ofrece numerosos ejemplos de este fenómeno. En cosmología, teorías elegantes y conceptualmente satisfactorias han sido adoptadas con rapidez solo para revelar, con el tiempo, limitaciones profundas.

El apego prematuro a modelos cerrados - por ejemplo, a universos estáticos o a interpretaciones deterministas de la realidad - retrasó durante décadas la formulación de preguntas más radicales. La comprensión temprana funcionó, en estos casos, como una barrera contra la interrogación más profunda.

Podemos formular aquí una tesis central:

- **La comprensión apresurada actúa como un mecanismo de defensa epistemológica.**

Este mecanismo no es necesariamente consciente. Surge del deseo de coherencia, de estabilidad y de sentido. Sin embargo, cuando domina el proceso cognitivo, transforma la búsqueda de conocimiento en una administración de respuestas tranquilizadoras. El pensamiento se vuelve reactivo en lugar de exploratorio. La prioridad deja de ser la verdad en su complejidad y pasa a ser la reducción de la ansiedad cognitiva.

El pensamiento que se precipita hacia la respuesta se pierde la experiencia de la pregunta. Esta pérdida es más grave de lo que parece, porque la experiencia de la pregunta no es un simple intervalo entre la ignorancia y el saber. Es un estado cognitivo específico, irreductible a la respuesta que eventualmente pueda formularse. En la pregunta, el pensamiento se expone a lo que aún no puede ser categorizado. Se confronta con sus propios límites y, en ese gesto, se transforma.

En ciencia, esta experiencia es particularmente fecunda. Muchas de las preguntas fundamentales de la cosmología contemporánea - sobre la naturaleza del tiempo, el origen del universo o el estatuto ontológico de las leyes física - no admiten respuestas definitivas sin sacrificar rigor. Sin embargo, su valor no reside en la respuesta final, sino en el modo en que estructuran la investigación, orientan la observación y mantienen abierta la posibilidad de reformulación conceptual.

Desde esta perspectiva, algunas preguntas no deben ser respondidas, sino sostenidas. Sostener una pregunta no implica renunciar al conocimiento, sino aceptar que su fecundidad reside en su apertura. Estas preguntas funcionan como órganos sensibles del pensamiento: captan variaciones sutiles, detectan inconsistencias, mantienen al sistema cognitivo en estado de alerta. Allí donde una pregunta es sostenida, el pensamiento permanece despierto.

La metáfora del "órgano sensible" no es casual. Así como los sentidos no producen el mundo, pero nos ponen en relación con él, las preguntas sostenidas no producen respuestas definitivas, pero nos mantienen en contacto con lo real en su complejidad. Cuando estas preguntas son silenciadas por respuestas apresuradas, el pensamiento pierde sensibilidad. Se vuelve insensible a lo inesperado.

Desde un punto de vista filosófico, esta actitud de sostener la pregunta se opone a una concepción instrumental del conocimiento. En lugar de preguntar para obtener resultados inmediatos, se pregunta para transformar la relación misma con el objeto de estudio. En cosmología, esta transformación es evidente: estudiar el universo no es simplemente describir un objeto distante, sino reconsiderar constantemente la posición del observador, los límites del lenguaje matemático y el estatuto de la explicación científica.

La trampa de comprender demasiado pronto se manifiesta también en el ámbito educativo y cultural. La presión por respuestas correctas, evaluables y rápidas fomenta una concepción empobrecida del pensamiento. Se premia la solución inmediata y se penaliza la duda prolongada. Sin embargo, esta pedagogía de la respuesta produce sujetos competentes, pero no necesariamente pensadores. La competencia técnica puede coexistir con una profunda incapacidad para formular preguntas significativas.

Frente a esta tendencia, es necesario reivindicar una ética de la demora cognitiva. Demorar no significa postergar indefinidamente la comprensión, sino permitir que la pregunta despliegue su potencial transformador antes de ser clausurada. Esta demora es incompatible con la ansiedad por el cierre, pero compatible con el rigor. De hecho, el rigor auténtico exige reconocer cuándo una respuesta es prematura.

Desde la práctica científica, esta ética se traduce en una disposición a convivir con la incertidumbre sin convertirla en dogma. En cosmología, la aceptación explícita de zonas de ignorancia - como ocurre con la materia y la energía oscuras - no ha detenido el avance del conocimiento. Al contrario, ha orientado la investigación hacia preguntas más profundas y metodológicamente más cuidadosas.

La comprensión prematura no solo empobrece el pensamiento; también limita la imaginación teórica. Cuando una respuesta se fija demasiado pronto, se reduce el espacio para alternativas conceptuales. El pensamiento se vuelve conservador, no por convicción, sino por inercia. La novedad, en cambio, suele surgir en los márgenes de la comprensión establecida, allí donde la pregunta aún no ha sido domesticada.

Todo esto nos conduce a una distinción final que conviene preservar con claridad. El problema fundamental del pensamiento no es la ignorancia. La ignorancia es una condición inicial, incluso fecunda. El verdadero problema es la renuncia a la interrogación, la clausura voluntaria de la pregunta en nombre de una comprensión tranquilizadora.

Por ello, la dualidad que cierra este desarrollo no es retórica, sino estructural:

- **El problema no es no saber. El problema es dejar de preguntar.**

En esta diferencia se juega la vitalidad del pensamiento científico y filosófico. Allí donde la pregunta es sacrificada en nombre de la comprensión rápida, el conocimiento se vuelve estéril. Allí donde la pregunta es sostenida, incluso en ausencia de respuestas definitivas, el pensamiento permanece vivo.

La ética de no cerrar

Este capítulo propone una ética mínima pero radical: no cerrar antes de tiempo.

Esta formulación no apela a un relativismo epistémico ni a una renuncia al rigor, sino a una disciplina del pensamiento que reconoce la diferencia esencial entre **explicar** y **comprender**.

Explicar consiste en ofrecer un modelo funcional; comprender implica permanecer en relación con aquello que el modelo no agota. Confundir ambas operaciones conduce a una ética implícita del cierre: una disposición a sustituir la experiencia viva por etiquetas estabilizadoras.

Desde la filosofía del conocimiento, esta confusión ha sido señalada reiteradamente. La explicación, por su propia naturaleza, reduce la complejidad del fenómeno para hacerlo operable. Selecciona variables, fija condiciones, delimita dominios. La comprensión, en cambio, es una relación dinámica que admite la persistencia de lo no resuelto. Cuando la explicación es elevada indebidamente al rango de comprensión total, se produce una clausura prematura que empobrece tanto el pensamiento como la experiencia.

La ciencia moderna ofrece ejemplos elocuentes de esta tensión. En cosmología, los modelos explicativos han alcanzado un grado de precisión sin precedentes. Sin embargo, su éxito técnico no equivale a una comprensión exhaustiva del universo. El modelo cosmológico estándar explica la evolución del cosmos observable con notable exactitud, pero deja abiertas cuestiones fundamentales sobre el origen último, la naturaleza del tiempo o el estatuto ontológico de las leyes físicas. Tomar la explicación como comprensión definitiva sería confundir eficacia con verdad.

Podemos formular aquí una tesis central:

- **Toda explicación es un logro técnico; pero del mismo modo toda comprensión es una tarea inacabable.**

Esta tesis no desvaloriza el conocimiento científico; lo sitúa éticamente. Reconoce que el saber avanza mediante cierres provisionales, pero exige que esos cierres no se absoluticen. La ética de no cerrar no se opone al conocimiento, sino a su fetichización. No rechaza las respuestas; rechaza su pretensión de finalización.

Desde esta perspectiva, el acto de nombrar adquiere un estatuto ambiguo. Nombrar es necesario para pensar, pero también es una forma de reemplazo. Cuando una experiencia es rápidamente etiquetada, se corre el riesgo de sustituir el fenómeno por su nombre. El lenguaje, en lugar de mediar la comprensión, la bloquea. Esta sustitución es particularmente visible en contextos altamente tecnificados, donde las categorías operativas tienden a presentarse como equivalentes a la realidad misma.

En astronomía observacional, esta ética se manifiesta de manera concreta. Los datos no "hablan" por sí solos; requieren interpretación. Sin embargo, una interpretación apresurada puede imponer una narrativa que oculte señales débiles o anomalías significativas. La historia de la ciencia muestra que muchas anomalías decisivas fueron inicialmente descartadas porque no encajaban en los modelos existentes. No cerrar demasiado pronto, en este contexto, no es una actitud contemplativa, sino una estrategia epistemológicamente responsable.

Esta ética mínima implica también una revisión del concepto de verdad. Pensar no es poseer la verdad, como si se tratara de un objeto transferible y acumulable. Pensar es permanecer en relación con ella. Esta relación es asimétrica e inestable: la verdad se manifiesta parcialmente, se retira, se reformula. Pretender poseerla es confundir el mapa con el territorio, el modelo con lo real.

Desde la filosofía contemporánea, esta concepción relacional de la verdad ha sido desarrollada como una alternativa tanto al dogmatismo como al escepticismo. No se afirma que la verdad sea inaccesible, sino que su acceso nunca es definitivo. En ciencia, esta postura se traduce en una práctica de revisión constante, en la aceptación explícita de la provisionalidad y en la disposición a reformular los fundamentos cuando los datos o los conceptos lo exigen.

La ética de no cerrar tiene, además, una dimensión temporal. Cerrar demasiado pronto es un modo de negar el tiempo del pensamiento. La comprensión profunda requiere duración, reiteración, retorno. No todo puede ser comprendido en el instante de la explicación inicial. La presión por resultados inmediatos - tanto en la academia como en la cultura en general - favorece una ética de la rapidez que es incompatible con la profundidad.

En cosmología teórica, esta tensión es evidente. Algunas de las preguntas más fundamentales han permanecido abiertas durante décadas sin que ello haya sido interpretado como un fracaso. Por el contrario, la persistencia de estas preguntas ha orientado generaciones enteras de investigación.

La ética de no cerrar reconoce que el tiempo del pensamiento no coincide necesariamente con el tiempo de la solución.

Esta ética no es solo epistemológica; es también intelectual y moral. Implica humildad. Reconocer que nuestras teorías, por más sofisticadas que sean, no agotan la realidad que describen. Reconocer que el conocimiento humano es históricamente situado y conceptualmente mediado. Esta humildad no debilita el pensamiento; lo fortalece. Lo libera de la ilusión de omnisciencia y lo mantiene abierto a la corrección.

Desde un punto de vista formativo, esta ética tiene consecuencias profundas. Educar en el pensamiento no consiste únicamente en transmitir respuestas correctas, sino en enseñar a no cerrar preguntas significativas. La formación intelectual auténtica incluye la capacidad de tolerar la ambigüedad sin ansiedad, de sostener la complejidad sin reducirla inmediatamente. Esta capacidad es rara, pero indispensable para el pensamiento creativo y crítico.

La ética de no cerrar no propone una suspensión indefinida del juicio. Propone una vigilancia constante sobre el momento del cierre. Cerrar cuando es necesario, pero no antes. Reconocer que toda clausura es provisional y que toda respuesta debe conservar la memoria de la pregunta que la hizo posible.

En este sentido, el conocimiento recupera su dimensión ética cuando renuncia a la pretensión de dominio absoluto. No se trata de rechazar el saber, sino de devolverle humildad. Una humildad que no es debilidad, sino lucidez. Una lucidez que reconoce que la relación con la verdad es siempre asintótica, nunca posesiva.

Este desarrollo conduce, de manera coherente, a la dualidad final que estructura esta ética y que debe mantenerse sin ambigüedad:

- **Aceptar que pensar no es poseer la verdad, sino permanecer en relación con ella.**

En esta aceptación se funda una ética del pensamiento capaz de sostener la apertura sin renunciar al rigor, y de avanzar sin traicionar la complejidad de aquello que intenta comprender.

Preparación para lo que sigue

A partir de este punto, el libro modifica deliberadamente su régimen discursivo. No lo hace por agotamiento temático, sino por coherencia epistemológica. Allí donde el pensamiento ha sido conducido hasta el límite de sus propias categorías, insistir en respuestas consoladoras equivaldría a una forma de traición intelectual. Lo que sigue no será una acumulación de conclusiones, sino una apertura sostenida de espacios, pausas y resonancias. No se trata de una renuncia al rigor, sino de un cambio de registro: del discurso que explica al pensamiento que **hospeda**.

En la tradición académica, la expectativa dominante frente a un texto ensayístico o científico es clara: avanzar hacia conclusiones firmes, sintetizar resultados, cerrar interrogantes. Esta expectativa no es arbitraria; responde a una economía del conocimiento que privilegia la estabilidad, la transmisión eficiente y la reproductibilidad. Sin embargo, esta misma economía se vuelve insuficiente cuando el objeto de reflexión no es un fenómeno delimitable, sino el estatuto mismo del conocer.

Desde la filosofía de la ciencia, este punto ha sido señalado con insistencia: no todo proceso cognitivo culmina legítimamente en una conclusión cerrada. Existen trayectorias de pensamiento cuyo resultado más honesto no es una respuesta, sino una transformación de la relación del sujeto con la pregunta. Este libro se inscribe conscientemente en esa tradición.

El lector que busque conclusiones firmes experimentará incomodidad. No porque el texto carezca de consistencia, sino porque ha desplazado el criterio mismo de consistencia. Aquí, la coherencia no se mide por la clausura, sino por la fidelidad a la complejidad del problema. En este sentido, la incomodidad no es un efecto colateral; es un indicador epistemológico. Señala que el pensamiento ha sido llevado más allá de su zona de confort.

Desde la cosmología, esta experiencia resulta familiar. Las teorías más exitosas del siglo XX no produjeron tranquilidad ontológica, sino una intensificación de la extrañeza. La relatividad general desestabilizó las nociones intuitivas de espacio y tiempo; la mecánica cuántica erosionó la idea clásica de causalidad;

la cosmología contemporánea introdujo entidades - materia oscura, energía oscura - cuya naturaleza permanece radicalmente indeterminada. El progreso no condujo a un mundo más simple, sino a un mundo más profundamente interrogativo.

Podemos formular aquí una tesis que orienta el cierre del libro:

- **No toda lucidez adopta la forma de una respuesta; algunas formas de lucidez se manifiestan como silencio articulado.**

Este silencio no es vacío ni evasión. Es el resultado de una saturación conceptual: cuando las categorías disponibles han sido llevadas hasta su límite, continuar hablando en los mismos términos produce ruido, no comprensión. En este punto, la pausa se vuelve un gesto cognitivo. Pausar no significa abandonar el pensamiento, sino permitir que emerjan otras formas de relación con lo real.

En astronomía observacional, la pausa cumple una función análoga. La observación profunda requiere tiempos largos, exposiciones prolongadas, espera. La señal significativa no siempre se manifiesta de inmediato; a veces solo aparece cuando se ha reducido al mínimo la intervención activa del observador. Este principio técnico tiene una traducción filosófica directa: hay comprensiones que solo emergen cuando el pensamiento deja de forzar la respuesta.

Por ello, lo que el libro ofrece a partir de aquí no son respuestas consoladoras, sino espacios. Espacios en los que el lector es invitado a habitar la pregunta sin la ansiedad del cierre. Pausas que no interrumpen el pensamiento, sino que lo profundizan. Resonancias que no imponen sentido, sino que permiten que el sentido se despliegue de manera no lineal.

Este cambio de régimen exige una ética de lectura distinta. El lector ya no es un destinatario pasivo de conclusiones, sino un participante activo en un proceso de apertura. La lucidez que puede surgir de esta experiencia no es la lucidez de la certeza, sino una lucidez más rara y más exigente: la capacidad de orientarse en la incertidumbre sin reducirla.

Desde la filosofía contemporánea, esta forma de lucidez ha sido descrita como una inteligencia no posesiva. No busca apropiarse de la verdad, sino mantenerse en relación con ella. Esta relación es necesariamente inestable, revisable y expuesta. Sin embargo, es precisamente esta exposición la que permite un contacto más honesto con la complejidad del mundo.

El hecho de que este capítulo no cierre nada no es una carencia estructural, sino su función específica dentro del guion del libro. Actúa como un umbral. No como una conclusión, sino como una preparación. Abre un espacio en el que el pensamiento puede volver a respirar, liberado momentáneamente de la presión por responder.

La metáfora de la respiración no es casual. Respirar implica alternancia: inspiración y espiración, apertura y cierre. Un pensamiento que solo cierra asfixia; un pensamiento que solo abre se dispersa. La respiración cognitiva requiere ritmo. Este capítulo restituye ese ritmo al suspender momentáneamente el impulso clausurante.

Desde un punto de vista metodológico, esta suspensión es coherente con la naturaleza de los problemas abordados. Cuando el objeto de reflexión es el silencio, la pregunta, la indeterminación y el límite, una conclusión definitiva sería conceptualmente inconsistente. El texto, por lo tanto, adopta una forma que refleja su contenido: no cierra porque su tema es precisamente la imposibilidad honesta del cierre.

Esta estrategia no implica una renuncia a la racionalidad. Implica una racionalidad ampliada, capaz de reconocer sus propios límites sin negarlos ni absolutizarlos. En ciencia, esta ampliación se manifiesta como una aceptación explícita de la provisionalidad. En filosofía, como una ética de la apertura. En ambos casos, el pensamiento se vuelve más preciso cuando renuncia a la ilusión de completitud.

La incomodidad del lector que busca conclusiones firmes es, en este sentido, un síntoma de transición. Indica el paso de una expectativa instrumental del conocimiento a una relación más reflexiva y exigente. El lector que acepte esta transición puede encontrar algo menos frecuente que la certeza: una lucidez silenciosa. Una lucidez que no se traduce inmediatamente en proposiciones, pero que reconfigura la manera de pensar, observar y preguntar.

Este capítulo, entonces, no concluye; inaugura. No responde; dispone. No enseña qué pensar, sino cómo permanecer pensando sin traicionar la complejidad de lo pensado. En esa disposición, el pensamiento recupera una cualidad que la cultura de la respuesta rápida ha erosionado: la capacidad de detenerse sin paralizarse.

Detenerse justo antes de responder no es una forma de evasión, sino una decisión epistemológica. Significa reconocer que, en ciertos umbrales, la respuesta empobrecería más de lo que aclararía. Significa aceptar que hay momentos en los que el silencio es más fiel a la verdad que cualquier formulación apresurada.

Por ello, el cierre de este desarrollo no adopta la forma de una conclusión, sino de una orientación final que debe mantenerse sin atenuación, como una ética del pensamiento que atraviesa todo el libro:

- **Porque a veces, la forma más honesta de pensar es detenerse justo antes de responder.**

En ese gesto, lejos de extinguirse, el pensamiento encuentra una nueva forma de continuidad.`

Capítulo 8

Conocimiento, religión y horizontes cognitivos: una reflexión personal

Este trabajo propone un análisis reflexivo sobre el origen, la función histórica y el posible destino de las religiones humanas desde una perspectiva filosófica y sociológica informada por el conocimiento científico contemporáneo.

Sostengo que las religiones emergieron como estructuras cognitivas adaptativas frente a la incertidumbre existencial y cumplieron funciones sociales decisivas en la evolución cultural. Sin embargo, en su forma dogmática, entran en tensión con una comprensión cosmológica no antropocéntrica.

Lejos de proponer su abolición, argumento a favor de una transformación hacia formas post-dogmáticas de espiritualidad compatibles con la humildad epistemológica, el conocimiento científico y una conciencia cósmica ampliada.

El texto se inscribe explícitamente como una reflexión personal, respetuosa de todas las tradiciones religiosas, y orientada a sostener la pregunta más que a clausurarla.

Palabras clave: religión, epistemología, cosmología, espiritualidad, conocimiento, incertidumbre

Hablar de religión es hablar del ser humano enfrentado a sus límites cognitivos. No se trata únicamente de límites tecnológicos o culturales, sino de límites ontológicos: la conciencia de la muerte, de la ignorancia estructural y de la exposición a un universo cuya escala excede toda intuición inmediata.

Después de casi siete décadas de experiencia vital, sostengo que las religiones no surgieron del engaño ni de la superstición elemental, sino de una necesidad antropológica profunda de sentido frente a lo inconmensurable. Esta afirmación no es apologética; es históricamente y analíticamente defendible.

Las reflexiones que siguen expresan mi pensamiento personal. No buscan sustituir a las religiones ni erigirse en una doctrina alternativa. Tampoco pretenden descalificar la experiencia religiosa. Su objetivo es situar el fenómeno religioso dentro de la evolución del conocimiento humano y preguntarse si sus formas tradicionales siguen siendo compatibles con una civilización que, por primera vez, comienza a comprender su lugar en el cosmos.

El surgimiento de lo sagrado como estructura cognitiva Las religiones emergieron en contextos donde el conocimiento sistemático del mundo era inexistente. Esta afirmación, que puede parecer obvia, suele ser ignorada en sus consecuencias más profundas. Antes de la escritura, del método científico y de la abstracción formal, el ser humano no solo carecía de instrumentos para explicar la realidad: carecía incluso de las categorías mentales necesarias para formular ciertas preguntas tal como hoy las entendemos. Sin embargo, debía sobrevivir.

Y para sobrevivir necesitaba sentido, previsibilidad y orientación.Los ciclos climáticos determinaban la vida o la muerte; la enfermedad aparecía sin causa visible; la muerte irrumpía como un hecho absoluto e irreversible; el cielo ofrecía una regularidad inquietante que contrastaba con la fragilidad humana.

Frente a este escenario, lo sagrado no fue un adorno cultural ni una invención arbitraria: fue una **respuesta cognitiva estructural**. Un modo de organizar la experiencia cuando el mundo era, ante todo, amenaza y misterio.Como señala Mircea Eliade, "lo sagrado se manifiesta siempre como una realidad de un orden completamente distinto al de las realidades naturales". Esta diferencia no implica falsedad, sino función. Lo sagrado introduce una ruptura en la experiencia cotidiana: establece un eje, un centro, una jerarquía. Permite distinguir lo significativo de lo indiferente. En términos contemporáneos, podríamos decir que **reduce la entropía existencial** de la conciencia humana primitiva.

Desde esta perspectiva, la religión constituyó la primera cosmología humana. No una cosmología científica, desde luego, pero sí una **cosmología operativa**: un relato totalizante que integraba naturaleza, sociedad y sentido en una misma estructura simbólica. El cielo no era solo un fenómeno físico; era un mensaje. La muerte no era solo un evento biológico; era un tránsito. El orden social no era solo una convención; estaba inscrito en el orden del cosmos.

Aquí es crucial subrayar algo que suele omitirse: la religión **no compitió con la ciencia**, porque la precedió por milenios. No fue una teoría entre otras posibles, ni una hipótesis elegida y luego refutada. Fue la única forma disponible de inteligibilidad global. Exigirle precisión empírica o coherencia lógica moderna es un anacronismo intelectual.

Como cosmólogo, sé que toda teoría del universo - ncluida la científica - es siempre hija de su tiempo, de sus instrumentos y de su marco conceptual. La diferencia es que la ciencia incorpora explícitamente la posibilidad de corrección. Las religiones, en cambio, tendieron a cristalizar sus relatos fundacionales y a sacralizar sus formulaciones iniciales. **Allí donde la ciencia dice "esto es provisional", el dogma dice "esto es eterno".**

Pero ese cierre no es originario: es histórico.

En su origen, las religiones no pretendían describir el universo con exactitud, sino **hacerlo habitable**. Convertir un entorno imprevisible en un cosmos, es decir, en un orden. Desde esta óptica, los mitos no son errores infantiles, sino **modelos narrativos de orientación**. No explican cómo funciona el mundo, sino cómo vivir en él.

El problema surge cuando estos modelos narrativos, eficaces en contextos de ignorancia estructural, reclaman validez absoluta en contextos de conocimiento acumulado. Cuando la metáfora se literaliza. Cuando el símbolo se confunde con el objeto. Cuando el relato se presenta como descripción física del universo.

Desde el punto de vista de la cosmología contemporánea, esto resulta insostenible. Hoy sabemos que el universo no tiene centro, que no fue creado para nosotros, que el tiempo profundo disuelve cualquier cronología sagrada, y que la vida misma puede ser un fenómeno común. Ninguna de estas afirmaciones invalida la experiencia religiosa; invalida, sí, su pretensión cosmográfica.

Como científico, no veo en esto una derrota de la religión, sino una **oportunidad evolutiva**. Las religiones que comprendan su verdadero estatuto - no como mapas del cosmos, sino como gramáticas del sentido - pueden seguir siendo culturalmente relevantes. Las que insistan en describir el universo mejor que la cosmología, están condenadas a la irrelevancia o al conflicto.

Desde un punta de vista filosófico, observo además un error recurrente: confundir la desaparición de una explicación con la desaparición de la pregunta. El hecho de que la ciencia explique el origen de las estrellas no elimina el asombro ante ellas. Al contrario: lo intensifica. El conocimiento no anula lo sagrado; lo desplaza. Lo obliga a reformularse.

esta perspectiva, las religiones no deberían ser evaluadas por su exactitud factual, sino por su capacidad de **acompañar a la conciencia humana en su expansión cognitiva**. Cuando dejan de hacerlo, se vuelven obstáculo. Cuando lo hacen, pueden transformarse en una espiritualidad compatible con el conocimiento.

En síntesis: las religiones surgieron cuando no había ciencia, y por eso cumplieron una función que la ciencia aún no podía cumplir. Hoy la situación es otra. Pretender que nada cambie es negar la historia del conocimiento. Comprender este proceso no implica desprecio, sino madurez intelectual. Implica reconocer que el pensamiento humano evoluciona, y que incluso lo sagrado - si quiere seguir siendo significativo - debe aceptar esa evolución.

Religión como tecnología social

Desde la sociología clásica, Émile Durkheim definió la religión como un sistema solidario de creencias y prácticas relativas a cosas sagradas cuya función central es la cohesión social. Esta definición produjo un desplazamiento decisivo: la religión dejó de ser analizada principalmente por la verdad de sus afirmaciones metafísicas y comenzó a ser comprendida por su eficacia social. No se preguntaba si los dioses existían, sino qué hacían las creencias en dioses dentro de una comunidad. Este cambio de enfoque, lejos de debilitar el fenómeno religioso, lo volvió intelectualmente más comprensible.

Las religiones regularon conductas cuando no existía derecho codificado, estabilizaron normas morales cuando no había ética racional formalizada, legitimaron jerarquías cuando la autoridad política carecía de fundamentos seculares, y produjeron identidad colectiva cuando el individuo aún no se concebía como sujeto autónomo.

En términos evolutivos, estas funciones no fueron accesorias: fueron decisivas. Sin ellas, las sociedades humanas difícilmente habrían alcanzado la complejidad necesaria para sostener agricultura, urbanización y transmisión cultural a gran escala.

Como amante de la Ciencia y fundamentalmente del método científico que estudia el universo en escalas donde la humanidad es apenas un episodio microscópico, reconozco que este dato suele incomodar: las religiones no sobrevivieron por error, sino por eficacia. No se mantuvieron porque fueran verdaderas en sentido cosmológico, sino porque funcionaron en sentido social. Esa distinción es crucial y suele ser evitada tanto por creyentes como por detractores.

El problema emerge cuando una estructura simbólica que fue adaptativa en un contexto histórico determinado se absolutiza y se presenta como válida para todo tiempo y lugar. Lo que en un momento fue una solución se convierte, en otro, en una rigidez. Desde la perspectiva de la evolución cultural, esto no es una anomalía: es una fase tardía de sistemas exitosos que no saben cuándo retirarse o transformarse.

La religión, entendida como tecnología social, resolvió durante milenios un problema central: cómo coordinar conductas individuales en grupos numerosos sin recurrir exclusivamente a la fuerza. El recurso a lo sagrado otorgó legitimidad trascendente a normas que, de otro modo, habrían sido percibidas como arbitrarias. En este sentido, la moral religiosa precede y prepara el terreno para la moral secular. Negar esto es desconocer la historia del orden social.

Sin embargo, el mismo mecanismo que garantizó cohesión se convierte en fuente de conflicto cuando se lo desacopla de su contexto. Cuando una religión afirma que sus normas no solo fueron útiles, sino ontológicamente necesarias;

no solo funcionales, sino cósmicamente obligatorias; no solo históricas, sino eternas. Allí aparece la fricción con el conocimiento.

Como amante de la cosmología, estoy entrenado para desconfiar de toda afirmación de centralidad. El universo no tiene centro; tampoco lo tiene la historia humana. Cualquier sistema simbólico que se declare absoluto en un universo en expansión incurre en una desproporción radical. Las religiones que insisten en presentarse como arquitecturas definitivas del cosmos ignoran un dato elemental: el cosmos no necesita legitimación humana.

Desde la erudición comparada en religiones, el patrón se repite con una regularidad casi matemática. Cada tradición tiende a naturalizar su propio mito fundacional y a relativizar los de los otros. Cada una proclama universal lo que nació local. Este fenómeno no es malicia; es estructura. Pero cuando se lo ignora, se produce dogmatismo.

El conflicto, entonces, no surge porque las religiones cumplieran funciones sociales, sino porque se resisten a aceptar que esas funciones fueron históricas y contingentes. Desde el punto de vista científico, ninguna estructura compleja es eterna. Las estrellas nacen y mueren; las galaxias colisionan; incluso las leyes que describimos son aproximaciones locales. Pretender que una construcción simbólica humana quede exenta de esta dinámica es intelectualmente insostenible.

Esto no implica que las religiones deban desaparecer. Implica que deben redefinir su estatuto. Una religión que se entiende como lenguaje simbólico del sentido puede seguir siendo culturalmente fértil. Una religión que se entiende como descripción literal del orden del universo se vuelve problemática. La diferencia no es menor: es la que separa la convivencia del conflicto.

Desde una perspectiva filosófica, el error contemporáneo consiste en confundir crítica con negación. Analizar la función social de la religión no equivale a destruirla. Equivale a comprenderla en su justa medida. Y comprender algo en su justa medida es el primer paso para permitirle evolucionar.

En síntesis, las religiones fueron decisivas para la cohesión social en contextos de ignorancia estructural. Ese mérito no las vuelve intocables. Las vuelve históricamente comprensibles. Y lo que es históricamente comprensible puede - y debe - ser revisado a la luz de nuevas formas de conocimiento. Esa revisión no es una amenaza: es una exigencia de madurez intelectual.

Dogma y conocimiento

El conflicto entre religión y conocimiento no es inevitable, pero sí estructural. No emerge de una hostilidad necesaria entre espiritualidad y razón, sino de la fricción entre dos modos de producir verdad. El conocimiento científico avanza mediante hipótesis provisionales, contrastación empírica y refutación crítica. Los sistemas dogmáticos, en cambio, tienden a estabilizarse cerrando sus premisas. Karl Popper identificó esta diferencia como un punto axial: una teoría es científica no por ser verdadera, sino por admitir la posibilidad de ser falsada.

Esta distinción, que puede parecer técnica, tiene consecuencias profundas. Una cosmología científica no se define por describir el universo "tal como es", sino por construir modelos que puedan fallar. El error no es un accidente: es el motor del progreso. En este marco, toda afirmación está siempre bajo condición. Incluso las teorías más robustas - la relatividad general, la mecánica cuántica - se sostienen mientras resistan pruebas más exigentes. No reclaman inmunidad ontológica.

Los sistemas religiosos dogmáticos operan con una lógica opuesta. Cuando un texto producido en un contexto histórico específico es elevado a la categoría de verdad infalible, se produce lo que puede llamarse una clausura epistemológica. La pregunta deja de ser legítima. La revisión se interpreta como amenaza. El sistema ya no aprende: se defiende. Esta dinámica no es exclusiva de la religión, pero en ella adopta su forma más rígida.

Como erudito en religiones comparadas, resulta evidente que ningún texto sagrado nació con pretensión de infalibilidad científica. Fueron respuestas simbólicas a problemas existenciales, sociales y cosmológicos de su tiempo. Su autoridad provenía de su capacidad de orientar la vida, no de describir la estructura del universo. La literalización posterior es un fenómeno tardío, asociado al miedo a la pérdida de control interpretativo.

Desde la perspectiva de la cosmología contemporánea, esta rigidez resulta particularmente problemática.

El universo que estudiamos no es estable ni jerárquico; es dinámico, incompleto y, en muchos aspectos, radicalmente contraintuitivo. Vivimos en un cosmos en expansión acelerada, compuesto mayoritariamente por entidades cuya naturaleza desconocemos. En este escenario, cualquier sistema de pensamiento que se declare cerrado incurre en una desproporción epistemológica evidente.

No es la espiritualidad lo que entra en conflicto con la ciencia. La experiencia de asombro, de límite, de trascendencia incluso, no solo es compatible con el conocimiento científico: suele ser su origen. Lo que entra en tensión es el dogma literalista que se niega a revisar sus presupuestos. La espiritualidad puede convivir con la incertidumbre; el dogma, no.

Popper comprendió que los sistemas cerrados tienden a reinterpretar cualquier evidencia contraria como confirmación. Esta inmunización frente a la crítica es el rasgo definitorio del pensamiento no científico. Cuando una doctrina no puede ser refutada por ningún dato concebible, deja de informar sobre el mundo y comienza a hablar solo de sí misma. En ese punto, la verdad se transforma en identidad.

El problema no es menor. Una clausura epistemológica no solo bloquea el conocimiento externo; empobrece el pensamiento interno. Cuando las preguntas se vuelven peligrosas, la inteligencia se repliega. Cuando la duda se moraliza, la búsqueda se detiene. Históricamente, este proceso ha generado no solo conflictos con la ciencia, sino estancamiento cultural.

Como amante de la Ciencia, estoy acostumbrado a trabajar con modelos que sé incompletos.

Ninguna teoría cosmológica pretende ser definitiva. Incluso el concepto de Big Bang es una extrapolación matemática hacia un régimen donde nuestras ecuaciones dejan de ser válidas. Esta conciencia de límite no debilita el conocimiento: lo hace honesto. El contraste con los sistemas dogmáticos es evidente.

Sin embargo, sería un error concluir que la religión debe ser erradicada del horizonte humano. Lo que debe ser abandonado es su pretensión de inmunidad cognitiva. Una tradición religiosa que acepta su carácter simbólico, histórico y revisable puede dialogar con la ciencia sin conflicto. Una que se aferra a la literalidad como garantía de verdad se coloca inevitablemente en oposición.

Desde la filosofía, esta tensión puede formularse con claridad: el conocimiento progresa cuando admite su falibilidad; el dogma se conserva cuando la niega. No se trata de una guerra entre ciencia y fe, sino entre apertura y clausura. Entre sistemas que aprenden y sistemas que se protegen.

El futuro del pensamiento no depende de elegir entre religión o ciencia, sino de comprender qué tipo de racionalidad estamos dispuestos a sostener. Una racionalidad que acepta el riesgo de equivocarse o una que prefiere la seguridad de no cambiar. El universo, tal como lo conocemos, no premia la inmovilidad. Tampoco lo hace la historia del conocimiento humano.

Persistencia contemporánea de la religión

Reconocer las limitaciones epistemológicas de las religiones no implica negar su vigencia existencial. Confundir estos planos ha sido una de las fuentes más persistentes de malentendidos en el debate contemporáneo. Una cosa es evaluar la capacidad de un sistema simbólico para describir el mundo, y otra muy distinta es valorar su función en la vida humana. Desde esta distinción básica se vuelve posible un análisis riguroso, no ideológico.

Para millones de personas, la religión continúa ofreciendo sentido, contención emocional y pertenencia comunitaria.

Viktor Frankl sostuvo que la búsqueda de sentido constituye una motivación primaria del ser humano, incluso más fundamental que la búsqueda de placer o poder. Desde esta perspectiva, la religión no es un residuo del pasado, sino una tecnología simbólica eficaz para organizar la experiencia subjetiva frente al sufrimiento, la pérdida y la finitud.

Como apasionado estudioso de las religiones, resulta evidente que su persistencia no se explica por ignorancia, sino por eficacia existencial. Los rituales estructuran el tiempo, las narrativas ordenan el dolor, las comunidades amortiguan la soledad. En sociedades complejas y fragmentadas, estas funciones no han sido plenamente sustituidas por ninguna otra institución. La ciencia, por su propia naturaleza, no está diseñada para cumplirlas.

El error comienza cuando esta eficacia existencial se convierte en autoridad cognitiva exclusiva. Cuando un sistema diseñado para otorgar sentido a la experiencia reclama también el monopolio de la descripción de la realidad, se produce una confusión de niveles. La religión deja entonces de ser una respuesta simbólica al misterio y pasa a competir con el conocimiento empírico en un terreno que no le es propio.

Desde la cosmología, esta confusión resulta particularmente visible. El universo que describimos hoy no es compatible con narrativas cerradas ni con teleologías simples. Sabemos que habitamos un cosmos indiferente a nuestras categorías morales, regido por leyes que no parecen orientadas a ningún propósito humano. Pretender que textos religiosos antiguos funcionen como manuales cosmológicos no solo es intelectualmente insostenible, sino que desnaturaliza su función original.

La ciencia no ofrece sentido; ofrece comprensión provisional. No consuela, pero explica. No promete salvación, pero amplía el horizonte de lo posible. Exigirle a la religión que funcione como ciencia es un error; permitirle que sustituya a la ciencia es un riesgo. La distinción entre ambos dominios no debilita a ninguno: los preserva.

Viktor Frankl comprendió que el sentido no se impone desde fuera, sino que se construye en la relación entre el individuo y su mundo. Cuando una institución religiosa convierte ese proceso en un paquete doctrinal cerrado, traiciona su propia función terapéutica. El sentido impuesto deja de ser sentido; se convierte en obediencia.

Desde la filosofía, esta deriva puede describirse como una hipertrofia de la función normativa. La religión, que originalmente orientaba, comienza a dictar. La metáfora se solidifica en dogma. La experiencia se reemplaza por la adhesión. En ese punto, el pensamiento crítico ya no es una herramienta, sino una amenaza.

Como humilde seguidor del rigor cientifico trabajo cotidianamente con incertidumbre. Las preguntas más fundamentales - qué es el tiempo, por qué existe algo en lugar de nada, qué ocurrió en los primeros instantes del universo - permanecen abiertas. Esta apertura no produce angustia paralizante, sino humildad epistemológica. La ciencia avanza precisamente porque acepta no tener respuestas finales.

Cuando una religión reclama certeza absoluta, no solo entra en conflicto con la ciencia, sino con la estructura misma del conocer. El conocimiento humano es siempre situado, revisable, incompleto. Negar esta condición no fortalece la fe; la vuelve frágil. Una creencia que no puede tolerar la duda depende de la censura para sobrevivir.

Esto no significa que la religión deba retirarse del espacio público ni recluirse en la esfera privada. Significa que debe renunciar a la pretensión de exclusividad cognitiva. Puede ofrecer marcos de sentido, prácticas de cuidado, narrativas de pertenencia, sin interferir en la investigación empírica ni en la educación científica.

Las sociedades que logran esta diferenciación funcional son más estables y más creativas. Permiten que la ciencia explore sin restricciones y que la espiritualidad acompañe sin imponer. Donde esta distinción colapsa, emergen el fundamentalismo, la desconfianza en el conocimiento y la polarización cultural.

El desafío del siglo XXI no consiste en abolir la religión, sino en reubicarla. Reconocer su valor existencial sin concederle autoridad epistemológica. Preservar su potencia simbólica sin permitir su deriva dogmática. Esta operación requiere madurez cultural y coraje intelectual.

La religión no debe decirnos cómo funciona el universo. Tampoco la ciencia puede decirnos cómo vivir. Cuando cada una intenta ocupar el lugar de la otra, ambas fracasan. Cuando aceptan sus límites, pueden coexistir sin conflicto.

En última instancia, el problema no es la fe, sino la confusión de niveles. No es la espiritualidad, sino su absolutización cognitiva. El pensamiento humano progresa cuando distingue, no cuando fusiona indiscriminadamente. Y esa distinción, hoy más que nunca, es una responsabilidad intelectual ineludible.

Abolición o transformación

Plantear la abolición de las religiones hacia fines del siglo XXI resulta conceptualmente ingenuo y políticamente peligroso. No solo porque subestima la profundidad antropológica de lo religioso, sino porque desconoce una lección histórica reiterada: la supresión forzada de sistemas simbólicos no elimina su función, sino que la desplaza hacia formas más rígidas y, con frecuencia, más violentas.

Las religiones no desaparecen por decreto; se transforman, se radicalizan o resurgen bajo otros nombres.

Desde la filosofía política, esta ingenuidad se explica por una comprensión superficial del vínculo entre sentido y poder. Allí donde una estructura simbólica que ordena la vida es destruida sin ser reemplazada, emerge un vacío normativo. Ese vacío rara vez permanece neutral. Suele ser ocupado por ideologías seculares con pretensión de totalidad, que reproducen los mismos mecanismos dogmáticos que decían combatir. El siglo XX ofrece ejemplos elocuentes de esta dinámica.

Como simple observador de las religiones, resulta evidente que estas tradiciones han demostrado una extraordinaria capacidad de adaptación. Han atravesado revoluciones científicas, transformaciones económicas, cambios de régimen y mutaciones culturales profundas. Lo que ha variado no es su función básica - otorgar sentido, identidad y marco ético - sino sus lenguajes y sus formas institucionales. Pretender su abolición es desconocer esta plasticidad histórica.

La cuestión relevante, por tanto, no es si las religiones deben desaparecer, sino si pueden transformarse. Y, más específicamente, si están dispuestas a hacerlo. El desafío del siglo XXI no es erradicar lo religioso, sino exigirle una revisión profunda de sus presupuestos cognitivos. Las religiones que insistan en el literalismo, en la autoridad incuestionable y en la inmunidad frente a la crítica científica se volverán culturalmente irrelevantes o políticamente conflictivas. Las que acepten su carácter simbólico podrán conservar un lugar legítimo.

Desde la cosmología contemporánea, este punto es crucial. El universo que hoy conocemos no admite relatos cerrados ni jerarquías ontológicas simples. La imagen de un cosmos en expansión acelerada, regido por leyes impersonales y marcado por la contingencia, obliga a repensar cualquier teología que pretenda describir literalmente la estructura del mundo. Negarse a hacerlo no preserva la fe; la fosiliza.

Las religiones que logren dialogar con la ciencia sin intentar subordinarla ni ser subordinadas por ella tendrán una oportunidad histórica. Dialogar no significa coincidir, sino reconocer la legitimidad del otro dominio. La ciencia describe cómo funciona el universo; la religión puede explorar cómo vivir en él. Confundir estas funciones conduce al conflicto; separarlas de forma hostil conduce a la esterilidad cultural.

La conocida afirmación de Einstein - frecuentemente citada y raramente comprendida - resulta esclarecedora si se la lee con rigor. Cuando señaló que la ciencia sin religión es coja y la religión sin ciencia es ciega, no estaba proponiendo una fusión doctrinal, sino una coexistencia **crítica.** Einstein rechazaba tanto el cientificismo reduccionista como el dogmatismo religioso. Su posición era epistemológicamente sofisticada: reconocía la autonomía de la ciencia y la necesidad humana de sentido.

Como amante de la Ciencia, comparto esta lectura. La cosmología moderna no necesita validación teológica. Sus modelos se sostienen por su capacidad predictiva y explicativa. Pero tampoco agota la experiencia humana. El conocimiento del universo no elimina la pregunta por el valor, la ética o el significado. Simplemente la desplaza a otro plano.

La transformación religiosa que se vuelve necesaria no es superficial. No basta con un aggiornamento retórico ni con una adaptación cosmética al lenguaje científico. Se requiere una revisión profunda del estatuto de la verdad, de la autoridad y de la interpretación. Aceptar que los textos sagrados son producciones históricas no los despoja de valor; los libera de una carga que no pueden sostener.

Las tradiciones religiosas que asuman esta tarea podrán convertirse en interlocutores éticos relevantes en un mundo tecnológicamente avanzado y moralmente incierto. Podrán aportar reflexión sobre límites, responsabilidad y cuidado en un contexto donde la capacidad de intervención humana supera con creces su madurez ética. En este sentido, la religión puede desempeñar un rol crítico, no normativo.

Por el contrario, las religiones que se aferren a la literalidad y a la autoridad incuestionable quedarán atrapadas en un conflicto permanente con el conocimiento y con la pluralidad cultural. No desaparecerán, pero se aislarán. Y ese aislamiento, históricamente, ha sido un caldo de cultivo para la radicalización.

El futuro no exige la abolición de las religiones, sino su reconfiguración. No su silencio, sino su descentramiento. En un mundo donde el conocimiento avanza por revisión constante, toda institución que pretenda permanecer inmóvil se vuelve disfuncional.

La pregunta decisiva no es si la humanidad podrá prescindir de la religión, sino si la religión podrá prescindir de la pretensión de certeza absoluta. De esa respuesta dependerá su relevancia cultural hacia fines del siglo XXI.

La ciencia seguirá avanzando, con o sin religión. La religión, en cambio, solo sobrevivirá si aprende a convivir con un universo que ya no gira en torno a nuestras certezas.

Una humanidad en transición cognitiva

La humanidad atraviesa una transición cognitiva sin precedentes. No se trata de un simple aumento de información, sino de una reconfiguración profunda de la imagen que la especie tiene de sí misma. Sabemos hoy que la Tierra no ocupa un lugar central en el cosmos, que el Sol es una estrella ordinaria en una galaxia entre cientos de miles de millones, y que esa galaxia no es más que una estructura local en un universo en expansión. Este descentramiento no es una metáfora: es un dato.

Carl Sagan describió esta toma de conciencia como una lección radical de humildad cósmica. La expresión no es retórica. Implica aceptar que la historia humana no constituye el eje del universo ni su finalidad. Desde la cosmología, esta constatación es inevitable. El tiempo profundo - las escalas de miles de millones de años que preceden y sucederán a la existencia humana - excede toda cronología mítica construida para organizar la experiencia histórica de comunidades particulares.

Como científico formado en el nivel académico, trabajo con escalas temporales que hacen irrelevante cualquier narrativa centrada exclusivamente en la humanidad. La formación de las primeras estrellas, la síntesis de los elementos químicos, la emergencia de galaxias y la evolución cósmica ocurren en marcos donde la presencia humana es un episodio tardío y contingente. Esta perspectiva no degrada la experiencia humana, pero sí la relativiza.

Las religiones históricas emergieron en contextos donde este conocimiento era inaccesible. Su antropocentrismo no fue un error, sino una consecuencia inevitable de las condiciones cognitivas de su tiempo. El problema surge cuando ese antropocentrismo se preserva como dogma en un contexto donde el descentramiento ya es un hecho empírico. Allí se produce una disonancia creciente entre los marcos simbólicos heredados y el conocimiento disponible.

Desde la erudición comparada en religiones, es claro que el antropocentrismo fuerte cumple una función psicológica: otorga relevancia, propósito y centralidad a la experiencia humana. Sin embargo, cuando esta centralidad se convierte en afirmación ontológica absoluta - cuando el universo es interpretado como escenario diseñado primordialmente para la humanidad - el conflicto con la cosmología moderna se vuelve inevitable.

Sabemos hoy que la vida puede no ser un fenómeno exclusivo. La astrobiología ha demostrado que los componentes básicos de la vida son abundantes en el cosmos. Exoplanetas en zonas habitables han sido detectados por miles. Aunque aún no tenemos evidencia directa de vida extraterrestre, la hipótesis de su existencia ya no es especulativa, sino probabilística. Esta posibilidad desafía frontalmente las narrativas religiosas que sitúan a la humanidad como culminación única de la creación.

La respuesta religiosa a este desafío ha sido desigual. Algunas tradiciones han comenzado a reinterpretar sus textos de forma simbólica, reconociendo que su lenguaje no pretende describir la arquitectura del cosmos. Otras, en cambio, han reforzado su literalismo, interpretando el descentramiento cósmico como una amenaza existencial. Esta reacción defensiva no es teológica; es psicológica.

Desde la filosofía, puede afirmarse que el antropocentrismo fuerte no es una necesidad racional, sino una estrategia de protección identitaria. Funciona mientras el universo parece pequeño y comprensible; colapsa cuando la escala se expande más allá de la intuición. El cosmos contemporáneo no ofrece consuelo ontológico. Ofrece vastedad, indiferencia y complejidad.

Aceptar esta realidad no implica nihilismo. Implica madurez cognitiva. La humildad cósmica de la que hablaba Sagan no es una invitación a la insignificancia, sino a una ética del límite. Si no somos el centro del universo, entonces nuestra responsabilidad no deriva de un privilegio ontológico, sino de una capacidad singular: la de comprender parcialmente el cosmos y actuar en consecuencia.

Las religiones que persistan en un antropocentrismo fuerte enfrentarán una disonancia creciente con el conocimiento disponible. Esta disonancia no se resolverá mediante negación o aislamiento. La información cosmológica es hoy accesible, visual, omnipresente. Las imágenes del universo profundo no pueden ser desinventadas. Las escalas temporales no pueden ser reducidas a genealogías míticas sin perder credibilidad.

El desafío es, nuevamente, transformacional. Las religiones que acepten el descentramiento podrán redefinir la dignidad humana no como centralidad cósmica, sino como responsabilidad ética en un universo vasto y frágil. Podrán afirmar el valor de la conciencia sin atribuirle un privilegio metafísico injustificable.

Las que no lo hagan quedarán atrapadas en una narrativa defensiva, cada vez más desconectada del conocimiento y, por ello, de las nuevas generaciones. No porque estas generaciones carezcan de espiritualidad, sino porque ya han internalizado el descentramiento como un dato de base.

La transición cognitiva que atravesamos no es opcional. Es el resultado acumulativo de siglos de observación, cálculo y reflexión. La pregunta no es si cambiará nuestra imagen del mundo, sino cómo responderemos a ese cambio.

El futuro de las religiones dependerá de su capacidad para aceptar que la humanidad no es el centro del cosmos, pero sí una de sus expresiones más conscientes. En esa aceptación, paradójicamente, reside su única posibilidad de permanencia significativa.

El desafío del contacto no humano

La posibilidad de contacto con civilizaciones extraterrestres inteligentes, aunque aún hipotética, es científicamente plausible. No pertenece al terreno de la ciencia ficción, sino al de la inferencia racional basada en datos empíricos acumulados. La existencia de miles de millones de galaxias, cada una con miles de millones de estrellas y una fracción significativa de planetas potencialmente habitables, convierte la pregunta ya no en "si" existe vida inteligente fuera de la Tierra, sino en "dónde" y "cuándo" podría manifestarse el contacto.

Este escenario plantea un desafío epistemológico mayor que cualquier revolución científica previa. Ni el heliocentrismo, ni la teoría de la evolución, ni la cosmología del Big Bang alteraron de manera tan directa la estructura simbólica de las religiones como lo haría el hallazgo de una civilización no humana, tecnológicamente avanzada y culturalmente autónoma. No se trataría solo de un nuevo dato, sino de una conmoción ontológica.

Como cosmólogo, sé que el contacto no sería necesariamente físico ni inmediato. Podría consistir en una señal artificial, un patrón inequívoco de inteligencia, un mensaje codificado en el espectro electromagnético. Pero incluso en su forma más abstracta, el impacto sería profundo. El solo hecho de confirmar que no estamos solos modificaría de raíz la narrativa humana sobre su lugar en el universo.

Conceptos centrales de muchas tradiciones religiosas - revelación exclusiva, centralidad humana, salvación particular - quedarían inevitablemente cuestionados. ¿A quién fue revelada la verdad última? ¿Solo a una especie, en un planeta periférico de una galaxia ordinaria? ¿Qué estatus tendrían otras inteligencias conscientes frente a un plan divino supuestamente centrado en la humanidad? Estas preguntas no son provocaciones ideológicas; son consecuencias lógicas.

Desde la erudición en historia de las religiones, resulta claro que las grandes tradiciones se construyeron sobre un horizonte cerrado: el mundo conocido. Incluso cuando imaginaron cielos, infiernos o entidades trascendentes, lo hicieron desde una cosmología donde la Tierra era el escenario central. El contacto extraterrestre rompería ese marco de manera irreversible.

Aquí emerge el punto que considero más crítico y, al mismo tiempo, más ignorado: ¿qué sucederá con los centros religiosos de poder? No con la espiritualidad individual, ni con la experiencia de sentido, sino con las instituciones que han basado su autoridad en la singularidad humana y en la exclusividad de sus relatos.

Las instituciones religiosas no son solo sistemas de creencias; son estructuras de poder simbólico, normativo y político. Su legitimidad se apoya en narrativas fundacionales que delimitan quién tiene acceso a la verdad, quién interpreta los textos y quién administra el sentido. El contacto con otra civilización inteligente introduciría un tercero radical en esa ecuación.

Una civilización tecnológicamente madura probablemente habría atravesado ya este dilema. Es razonable suponer que una cultura capaz de sobrevivir lo suficiente como para desarrollar tecnologías interestelares habría transformado sus sistemas religiosos primitivos en marcos simbólicos no dogmáticos. No por iluminación moral, sino por necesidad adaptativa. El dogma rígido no es compatible con la expansión cognitiva a largo plazo.

El contacto sería, ante todo, conceptual. No nos enfrentaríamos solo a otra biología, sino a otra forma de organizar el sentido, el conocimiento y la ética. Y esa confrontación no se produciría en igualdad de condiciones. Una civilización más avanzada tecnológicamente también lo estaría, casi con certeza, en términos epistemológicos.

¿Qué harían entonces los centros religiosos de poder humanos? Existen, a grandes rasgos, tres escenarios posibles.

El primero es la negación. Declarar el contacto como falso, demoníaco o irrelevante. Reinterpretarlo dentro de categorías preexistentes para preservar la estructura doctrinal. Este mecanismo ya ha ocurrido frente a descubrimientos científicos previos. Pero su eficacia sería limitada. La evidencia de una inteligencia no humana sería difícil de absorber sin fisuras.

El segundo escenario es la apropiación. Intentar incorporar a la civilización extraterrestre dentro del propio marco teológico: presentarla como parte del plan divino, como criaturas secundarias o incluso como confirmación de la propia doctrina. Esta estrategia preservaría el poder institucional, pero al precio de una reinterpretación forzada que pocos aceptarían sin reservas.

El tercer escenario - el único verdaderamente transformador - es la descentralización. Reconocer que ninguna tradición humana posee una revelación exclusiva, que todas son expresiones históricas de una conciencia situada. Este reconocimiento implicaría una pérdida de poder simbólico, pero una ganancia en legitimidad ética.

Aquí reside la verdadera incógnita que me interesa subrayar: los centros religiosos de poder no están diseñados para renunciar voluntariamente a su centralidad. Su historia demuestra una enorme capacidad de adaptación, pero también una fuerte resistencia a la pérdida de autoridad. El contacto extraterrestre pondría esa tensión en su punto máximo.

Desde la filosofía, este momento puede describirse como una prueba de madurez civilizatoria. No solo para las religiones, sino para la humanidad en su conjunto. ¿Responderemos desde el miedo identitario o desde la apertura cognitiva? ¿Desde la defensa del privilegio simbólico o desde el reconocimiento de nuestra condición contingente?

Como científico, no puedo ignorar que este escenario ya se discute seriamente en programas como SETI y en comités internacionales de reflexión ética. El problema no es técnico, sino cultural. ¿Estamos preparados para dejar de ser el centro narrativo del universo?

La espiritualidad humana no desaparecería. La necesidad de sentido, de ética, de trascendencia simbólica, persistiría. Pero las instituciones que se sostienen sobre la idea de exclusividad enfrentarían una crisis sin precedentes. No por persecución externa, sino por obsolescencia conceptual.

El contacto con otra inteligencia no nos quitaría valor. Nos quitaría la ilusión de singularidad absoluta. Y esa ilusión ha sido, históricamente, una fuente tanto de consuelo como de violencia.

Tal vez el mayor desafío no sea aceptar que no estamos solos, sino aceptar que nunca lo estuvimos. Que la conciencia no es un accidente local, sino una posibilidad cósmica. Que nuestras religiones fueron intentos tempranos - humanos, demasiado humanos - de responder a un misterio que ahora se revela más vasto de lo imaginado.

Cuando ese día llegue, si llega, no se tratará de ciencia contra religión. Se tratará de poder contra comprensión. Y en ese cruce, los centros religiosos de poder deberán elegir entre preservarse o transformarse.

Esa elección, más que el contacto mismo, definirá el verdadero salto evolutivo de nuestra civilización.

Hacia una espiritualidad post-dogmática

No concibo un futuro humano sin espiritualidad, pero sí un futuro sin dogma rígido. Esta afirmación no surge de una intuición romántica, sino de una lectura atenta de la historia intelectual y de la cosmología contemporánea. La espiritualidad, entendida como apertura al asombro y a la pregunta por el sentido, ha acompañado a la humanidad desde sus orígenes. El dogma rígido, en cambio, es una cristalización institucional contingente, no una necesidad antropológica.

La diferencia entre ambos conceptos es crucial. La espiritualidad es dinámica, experiencial, vulnerable a la revisión. El dogma es estático, normativo y resistente al cuestionamiento. Confundirlos ha generado algunos de los conflictos más persistentes de la historia humana. Separarlos es una condición para cualquier futuro cultural viable.

Como mero observador y estudioso de las religiones, he constatado que las tradiciones más longevas no son las más rígidas, sino las más interpretativas. Aquellas que han sobrevivido siglos lo han hecho releyendo sus textos, adaptando sus prácticas y aceptando - aunque sea de forma implícita - que ningún lenguaje puede capturar lo absoluto. Las religiones que se congelan en una interpretación única tienden a radicalizarse o a desaparecer.

Desde la cosmología, esta flexibilidad no es una concesión, sino una exigencia. El universo que conocemos hoy es radicalmente distinto del que imaginaron nuestros ancestros. No solo es más grande y más antiguo; es también más incierto. Sabemos que el espacio-tiempo se curva, que la materia visible es minoritaria, que el origen último del cosmos permanece abierto. En este contexto, toda afirmación definitiva sobre el sentido del todo resulta epistemológicamente desproporcionada.

Una espiritualidad fundada en el asombro informado reconoce esta desproporción. No renuncia a la pregunta por el significado, pero tampoco pretende clausurarla. Se nutre del conocimiento científico sin intentar domesticarlo. Acepta que la comprensión del universo amplía, en lugar de reducir, el misterio.

Esta espiritualidad del siglo XXI no puede ser tribal ni excluyente. Debe ser, necesariamente, planetaria. La conciencia de que compartimos un destino común en un planeta finito transforma la ética en una cuestión de supervivencia. La cosmología no solo nos descentra; nos vincula. La imagen de la Tierra como un punto pálido suspendido en la inmensidad no es una metáfora moral, pero tiene consecuencias morales inevitables.

La responsabilidad intergeneracional emerge de esta toma de conciencia. Sabemos hoy que nuestras acciones afectan escalas temporales que exceden nuestra vida individual. El cambio climático, la pérdida de biodiversidad, la alteración de sistemas planetarios no son problemas técnicos aislados; son síntomas de una ética insuficiente para un mundo interconectado. Una espiritualidad informada no promete redención futura: exige cuidado presente.

Aceptar la incertidumbre es otro pilar de esta espiritualidad no dogmática. Desde la ciencia, la incertidumbre no es una carencia, sino un dato estructural. No sabemos qué es la energía oscura, no sabemos qué ocurrió antes de ciertos umbrales cosmológicos, no sabemos si estamos solos. Esta ignorancia no paraliza; orienta la investigación. Del mismo modo, una espiritualidad madura no teme decir "no sé".

Ludwig Wittgenstein advirtió que los límites del lenguaje son los límites del mundo. Esta observación, leída con rigor, no invita al silencio dogmático, sino a la modestia conceptual. Todo sistema simbólico es una traducción parcial de una experiencia que lo excede. Reconocer esos límites no empobrece el pensamiento; lo vuelve lúcido.

El contacto con otras formas de inteligencia, si alguna vez ocurre, sería ante todo conceptual. Nos obligaría a revisar no solo nuestras teorías científicas, sino nuestras categorías de sentido. ¿Qué significa espiritualidad en un universo donde la conciencia no es un fenómeno exclusivo? ¿Qué valor tiene una ética que no se funda en la excepcionalidad humana, sino en la vulnerabilidad compartida?

En ese escenario, solo una espiritualidad no dogmática podría sostener el diálogo. Una espiritualidad capaz de escuchar sin imponer, de preguntar sin colonizar, de aprender sin perder identidad. El dogma rígido, por definición, no dialoga: se defiende.

Como científico, he aprendido que el conocimiento avanza cuando se expone a la crítica. Como amante de la filosofía, he comprendido que el sentido se construye en la tensión entre lo que sabemos y lo que no. Como estudioso de las religiones, sé que la espiritualidad sobrevive cuando acepta su carácter simbólico. **No necesitamos menos espiritualidad. Necesitamosuna espiritualidad más honesta.** Una que no prometa certezas absolutas, sino prácticas de cuidado. Una que no reclame obediencia, sino responsabilidad. Una que no se funde en el miedo al misterio, sino en la capacidad de habitarlo.

El futuro humano dependerá menos de lo que creamos sobre el universo y más de cómo respondamos a lo que sabemos de él. En ese cruce entre conocimiento y sentido, entre ciencia y espiritualidad, no hay lugar para dogmas inmóviles.

Hay lugar, en cambio, para una lucidez humilde: la de reconocer que comprender no es poseer, que saber no es dominar y que el asombro informado es, quizás, la forma más alta de espiritualidad a la que podemos aspirar.

Conclusión

Después de décadas de reflexión, no he perdido la capacidad de asombro; he perdido la necesidad de certezas absolutas. Esta no es una renuncia al pensamiento, sino una conquista. La historia del conocimiento muestra que las certezas definitivas no fortalecen la comprensión: la detienen. El asombro, en cambio, permanece como el motor más fiable del pensamiento honesto. Es la disposición a aceptar que el mundo es más vasto que nuestros esquemas y que toda explicación es, en última instancia, provisional.

Las religiones han sido un andamiaje evolutivo del pensamiento humano. Permitieron organizar la experiencia en un mundo opaco, otorgar sentido al sufrimiento, estabilizar normas y construir comunidad. Cumplieron una función cognitiva y social indispensable en etapas tempranas de nuestra historia. Negar ese papel sería intelectualmente deshonesto. Pero confundir función histórica con validez permanente es un error recurrente.

Todo andamiaje cumple su propósito mientras la estructura está en formación. Una vez que el edificio crece, el andamiaje debe transformarse o retirarse. Si se lo conserva intacto, no protege: estorba. Las religiones, en tanto sistemas simbólicos, enfrentan hoy ese punto crítico. El conocimiento científico, la conciencia planetaria y el descentramiento cósmico han elevado la estructura más allá de los marcos que las vieron nacer.

Como erudito en religiones, sé que ninguna tradición fue concebida para describir el universo tal como hoy lo entendemos. Su lenguaje es metafórico, narrativo, normativo. Pretender que funcione como cosmología literal no solo genera conflicto con la ciencia, sino que traiciona su intención original. Las religiones no fueron mapas del cosmos, sino brújulas existenciales.

Como científico formado en Cambridge, trabajo diariamente con la conciencia de límite. La cosmología moderna describe un universo en expansión acelerada, dominado por componentes cuya naturaleza ignoramos, surgido de condiciones extremas que desafían nuestras teorías actuales. No hay en este cuadro un lugar privilegiado para la humanidad.

Y, sin embargo, hay un lugar para la responsabilidad: somos una forma de conciencia capaz de comprender parcialmente el cosmos y de afectar su propio entorno planetario.

No propongo destruir tradiciones ni negar creencias. Esa vía ha demostrado ser no solo ineficaz, sino peligrosa. La supresión forzada de sistemas simbólicos produce regresión, no progreso. Propongo algo más exigente: ampliar el horizonte cognitivo. Permitir que las religiones reconozcan su carácter histórico, simbólico y revisable. Liberarlas de la carga imposible de ofrecer certezas ontológicas absolutas.

Ampliar el horizonte cognitivo implica aceptar que el conocimiento no avanza por acumulación de dogmas, sino por revisión crítica. Implica distinguir entre sentido y descripción, entre ética y cosmología, entre espiritualidad y autoridad cognitiva. Esta distinción no empobrece la experiencia religiosa; la depura. Una espiritualidad que no necesita imponerse como verdad exclusiva puede dialogar con el conocimiento sin temor.

El universo no exige adoración, sino comprensión. Esta afirmación no es una provocación secular, sino una constatación epistemológica. Las leyes físicas no responden a plegarias ni se alteran por devoción. Operan con independencia de nuestras narrativas. Comprenderlas no nos vuelve superiores; nos vuelve responsables. Nos obliga a pensar las consecuencias de nuestras acciones en escalas que exceden la vida individual.

Más allá de la comprensión, hay un silencio atento. No el silencio de la ignorancia ni el de la resignación, sino el silencio que reconoce el límite del lenguaje. Un silencio que no clausura la pregunta, sino que la mantiene viva. Ese silencio es incompatible con el dogma rígido, pero profundamente afín al pensamiento profundo. Es el espacio donde la ciencia reconoce lo que aún no sabe y donde la espiritualidad madura acepta no tener respuestas finales.

Este silencio prepara el terreno para lo que sigue. Para nuevas formas de sentido que no se funden en la centralidad humana, sino en la interdependencia planetaria. Para una ética que no derive de mandatos trascendentes inapelables, sino del reconocimiento de nuestra fragilidad compartida. Para una espiritualidad informada, capaz de convivir con la incertidumbre sin convertirla en amenaza.

El siglo XXI no exige menos pensamiento simbólico, sino mejor pensamiento simbólico. No menos espiritualidad, sino una espiritualidad que haya aprendido de la ciencia. No menos tradición, sino tradiciones capaces de transformarse sin perder su núcleo ético.

Si algo nos enseña la cosmología es que el universo no se detiene para preservar nuestras certezas. Evoluciona, se expande, se transforma. El pensamiento humano, si quiere permanecer a la altura de su tiempo, debe hacer lo mismo.

No he perdido el asombro. He aprendido a no confundirlo con obediencia. He aprendido que la lucidez no consiste en cerrar la pregunta, sino en sostenerla sin miedo. En ese gesto - frágil, incompleto, profundamente humano - reside, creo, la forma más honesta de espiritualidad a la que podemos aspirar.

Y es desde ahí, desde ese silencio atento que no reclama respuestas finales, que este libro se abre naturalmente a lo que sigue.

Bibliografía de este capítulo

Durkheim, Émile. *Las formas elementales de la vida religiosa*. Madrid: Alianza, 2001.

Einstein, Albert. *Ideas y opiniones*. Barcelona: Crítica, 2005.

Eliade, Mircea. *Lo sagrado y lo profano*. Buenos Aires: Paidós, 1998.

Frankl, Viktor. *El hombre en busca de sentido*. Barcelona: Herder, 2006.

Popper, Karl. *La lógica de la investigación científica*. Madrid: Tecnos, 1980.

Sagan, Carl. *Un punto azul pálido*. Barcelona: Planeta, 1997.

Wittgenstein, Ludwig. *Tractatus logico-philosophicus*. Madrid: Alianza, 201

Epílogo

La "Teoría Neferu"

Toda forma de pensamiento comienza antes de las palabras. Antes incluso de la necesidad de comprender. Comienza como una tensión mínima entre la conciencia y lo que la excede. Un gesto silencioso, casi imperceptible, que no busca dominar el mundo sino permanecer ante él. A ese gesto - anterior al mito, anterior a la ciencia, anterior al relato - lo he llamado Neferu.

Neferu no es una entidad, ni una figura simbólica en el sentido tradicional. No habita un panteón ni reclama culto. Tampoco es una explicación alternativa del cosmos. Es, más bien, un patrón recurrente de interrogación: una forma ancestral de curiosidad que reaparece cada vez que la conciencia se enfrenta a lo inconmensurable sin intentar reducirlo.

Antes de que el ser humano aprendiera a medir el cielo, ya lo contemplaba. Antes de que las estrellas fueran clasificadas por magnitudes, espectros o distancias, ya producían una conmoción íntima.

La cosmología moderna - con su precisión matemática, sus modelos de expansión y sus mapas de radiación de fondo - no elimina ese primer asombro: lo sofistica, pero no lo reemplaza. Neferu nombra ese punto exacto donde el conocimiento aún no ha cerrado la pregunta.

Las civilizaciones antiguas lo intuyeron sin formularlo. Cuando alinearon piedras con los solsticios, cuando imaginaron dioses estelares o rutas celestes para los muertos, no estaban describiendo el universo: estaban respondiendo a una perturbación interior provocada por su inmensidad. La astronomía contemporánea, aunque opere con otros lenguajes, se origina en el mismo impulso. La diferencia no está en la pregunta, sino en el método.

Hoy sabemos que habitamos un universo en expansión, nacido de una singularidad inicial cuya naturaleza última aún se nos escapa. Sabemos que las galaxias se alejan unas de otras, que la materia visible es apenas una fracción de lo que existe, que el tiempo mismo se curva bajo ciertas condiciones extremas. Y, sin embargo, este exceso de información no ha extinguido el silencio original. Al contrario: lo ha vuelto más profundo.

Neferu aparece precisamente ahí, donde el dato ya no satisface. No se opone al conocimiento científico; lo acompaña como su sombra inevitable. Es la conciencia de que cada respuesta abre un campo mayor de incertidumbre. En ese sentido, Neferu no contradice la cosmología: la habita desde adentro.

El niño que mira el cielo por primera vez y pregunta qué es una estrella no espera una definición espectral ni una distancia en años luz. Su pregunta no es técnica: es ontológica. Pregunta qué es eso que brilla, pero también - sin saberlo - qué lugar ocupa él frente a eso. Esa misma pregunta, refinada y ampliada, sostiene los grandes proyectos de observación astronómica, los telescopios espaciales, las teorías del origen del universo. Cambia el lenguaje; persiste el impulso.

Neferu no busca respuestas definitivas porque entiende que una respuesta definitiva clausuraría la experiencia. Es un patrón de apertura. Una forma de lucidez que acepta la incompletud como condición estructural del pensar. Por eso no pertenece a ninguna cultura específica ni a ninguna época determinada. Aparece allí donde la conciencia se permite no saber sin angustia.

En otros relatos, este patrón ha adoptado forma narrativa y nombre propio. Aquí no.

En **El Silencio que Piensa,** Neferu opera como una presencia conceptual, no como un personaje. No actúa, no interviene, no resuelve. Permanece. Es la continuidad subterránea entre la observación astronómica y la introspección filosófica; entre el cálculo y la contemplación; entre la vastedad del cosmos y la fragilidad de la experiencia humana.

Pensar el universo no es solo describir su estructura, sino reconocer el lugar desde donde lo pensamos. Cada ecuación cosmológica implica una conciencia que se interroga. Cada imagen profunda del cielo - esas fotografías donde las galaxias se superponen como capas de tiempo - nos devuelve, de forma silenciosa, la pregunta por nuestra propia escala. Neferu no responde a esa pregunta: la mantiene viva.

Tal vez por eso el silencio sea una condición necesaria del pensamiento auténtico.

No el silencio como ausencia, sino como espacio. Un silencio que no apura conclusiones ni exige sentido inmediato.

Un silencio que permite que el misterio no sea tratado como un problema a resolver, sino como una dimensión a habitar.

La cosmología contemporánea habla de horizontes: límites más allá de los cuales no podemos observar.

No porque no haya nada, sino porque la luz aún no ha llegado hasta nosotros.

Pensar también tiene sus horizontes. Neferu señala ese borde. No para cruzarlo, sino para reconocerlo.

Este libro no pretende cerrar una teoría ni ofrecer una síntesis tranquilizadora. Su recorrido apunta a algo más frágil y más honesto: sostener la pregunta sin reducirla.

En un tiempo obsesionado con la productividad del sentido, defender la inutilidad fértil del asombro es un acto radical.

Quizás el pensamiento, en su forma más profunda, no consista en iluminarlo todo, sino en aprender a convivir con aquello que permanece oscuro sin volverse opaco.

El universo no nos debe una explicación. Nosotros, en cambio, nos debemos la capacidad de seguir preguntando.

Neferu no es una respuesta al cosmos. Es la forma que adopta la conciencia cuando acepta mirar sin poseer.

Breve Biografía del Autor

Daniel Augusto Chiesa Lanaro, conocido internacionalmente como **Dan Aug**, es un artista visual, escritor, astrónomo aficionado y conferenciante cuyo trabajo interdisciplinario explora las conexiones entre la narrativa ficticia, el pensamiento simbólico, la astronomía, la cosmología y la memoria ancestral. Su práctica se basa en una indagación sostenida sobre cómo las culturas humanas han buscado históricamente comprender el tiempo, la consciencia y la estructura del universo a través de la imaginación y la razón. A través de imágenes y textos, su obra propone formas de contemplación que se resisten a la clausura, privilegiando la indagación, la resonancia y la apertura intelectual por encima de las conclusiones definitivas.

Un elemento central de su investigación es su larga trayectoria con la civilización del Antiguo Egipto. A lo largo de muchos años, ha desarrollado una investigación independiente y profunda sobre los antiguos sistemas simbólicos, cosmológicos y filosóficos, entendidos no como estructuras de creencias arcaicas, sino como modos tempranos y sofisticados de pensar sobre la existencia, la temporalidad y la relación humana con el cosmos. Esta perspectiva informa tanto su obra visual - a través de múltiples series pictóricas - como su escritura, donde el mundo antiguo funciona como una superficie reflexiva a través de la cual se examinan cuestiones epistemológicas y existenciales contemporáneas.

Como autor, Dan Aug publicó ***El Legado de Neferu,*** una novela que entrelaza ficción, evocación histórica egipcia y reflexión existencial. La obra se basa conceptualmente en su serie visual ***Sueño de una noche en Giza***, compuesta por cuarenta y seis pinturas que funcionan como matriz simbólica e imaginaria para el universo narrativo del libro. Su libro más reciente, ***El Silencio Que Piensa***, profundiza en esta línea de exploración, entablando un diálogo riguroso entre la cosmología, la filosofía y las teorías contemporáneas de la conciencia. En este libro, su voz como autor se caracteriza por la sobriedad, la atmósfera y la densidad conceptual, a la vez que se mantiene firmemente conectada con el pensamiento científico y la indagación especulativa.A lo largo de una carrera de más de veinticinco años, Dan Aug ha recibido múltiples premios internacionales en los ámbitos artístico y cultural. Paralelamente a su producción artística y literaria, se desempeña como conferenciante y orador público, abordando temas relacionados con el arte, la astronomía, los sistemas simbólicos y la imaginación cosmológica en contextos tanto culturales como educativos. Dan Aug concibe la creación artística como una forma de investigación y la escritura como un espacio vivo de pensamiento: abierto, dinámico e irresuelto. Su obra se dirige a lectores que valoran la profundidad de la reflexión, el rigor estético que reconocen la maravilla como una de las fuerzas más perdurables de la vida intelectual humana.

About the Author

Dan Aug es autor de obras que exploran la intersección entre la conciencia, la filosofía contemporánea y el misterio del universo. Su escritura se caracteriza por una mirada introspectiva y una sensibilidad orientada a la reflexión profunda, invitando al lector a cuestionar las certezas habituales y a contemplar nuevas perspectivas sobre la existencia.

El Silencio que Piensa forma parte de su búsqueda literaria por crear espacios narrativos donde pensamiento, silencio y experiencia interior dialogan de manera abierta y honesta.

Read more at https://DanAug.com.

About the Publisher

Dan Aug is an independent author, astronomer and visual artist. This book is published by the author.

www.ingramcontent.com/pod-product-compliance
Lightning Source LLC
LaVergne TN
LVHW050854051026
849532LV00006BA/2246